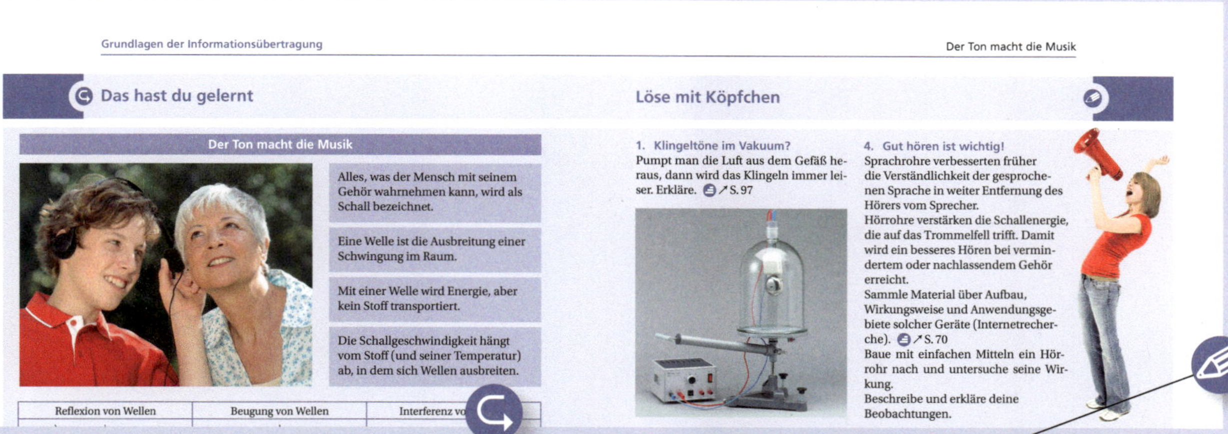

Löse mit Köpfchen

Durch vielfältige und interessante Aufgaben kannst du erworbene Kenntnisse wiederholen und anwenden.

Das hast du gelernt

Du erhältst einen Überblick über wesentliche Inhalte mehrerer Themenseiten.

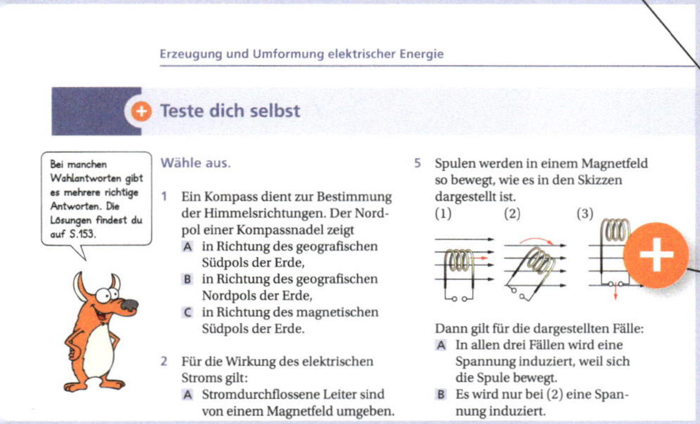

Teste dich selbst

Hier kannst du dein Wissen selbstständig überprüfen. Die Lösungen findest du im Anhang des Lehrbuchs.

Wusstest du schon …

Hier kannst du dein Wissen erweitern oder vertiefen.

Symbole zu den Aufgaben

- Erweiterndes und Vertiefendes
- Erkenntnisse gewinnen
- Kommunizieren
- Bewerten

Physik – na klar!

Lehrbuch Klasse 10 Mittelschule
Sachsen

Duden Schulbuchverlag
Berlin

Autoren
Dr. habil. Barbara Gau
Prof. Dr. habil. Lothar Meyer

Beiträge von
Ingo Koch, Dr. Josef Küblbeck, PD Dr. Gerd Riedl

Berater
Andrea Neubauer, Glaubitz
Steffi Voigt, Oberlungwitz

Redaktion Dr. habil. Barbara Gau
Grafik Heribert Braun, Peter Friedl, Christiane Gottschlich, Melanie Groger, Gabriele Lattke, Heike Möller, Jens Prockat, Walther-Maria Scheid
Umschlaggestaltung Britta Scharffenberg
Layoutkonzept Schröder Design
Layout und technische Umsetzung zweiband.media, Berlin

www.duden-schulbuch.de

Dieses Werk enthält Vorschläge und Anleitungen für **Untersuchungen** und **Experimente.** Vor jedem Experiment sind mögliche Gefahrenquellen zu besprechen. Beim Experimentieren sind die Richtlinien zur Sicherheit im naturwissenschaftlichen Unterricht einzuhalten.

Hinweis Experimente: Achtung! Unsere Experimente sind sorgfältig ausgewählt und getestet, sodass bei ordnungsgemäßer Durchführung nichts passieren kann. Ggf. sollte Hilfestellung durch Erwachsene erfolgen. In jedem Fall schließen Verlag und Autoren jegliche Haftung aus.

1. Auflage, 1. Druck 2017

Alle Drucke dieser Auflage sind inhaltlich unverändert
und können im Unterricht nebeneinander verwendet werden.

Druck Firmengruppe APPL, aprinta Druck, Wemding

ISBN 978-3-8355-3207-6

PEFC
PEFC/04-32-0928

PEFC zertifiziert
Dieses Produkt stammt aus nachhaltig bewirtschafteten Wäldern und kontrollierten Quellen.

www.pefc.de

Inhaltsverzeichnis

1 Erzeugung und Umformung elektrischer Energie 8

2 Grundlagen der Informationsübertragung 42

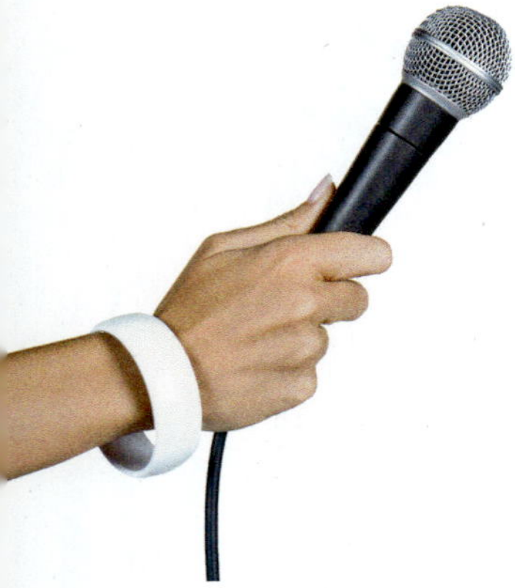

3 Licht und Farben 90

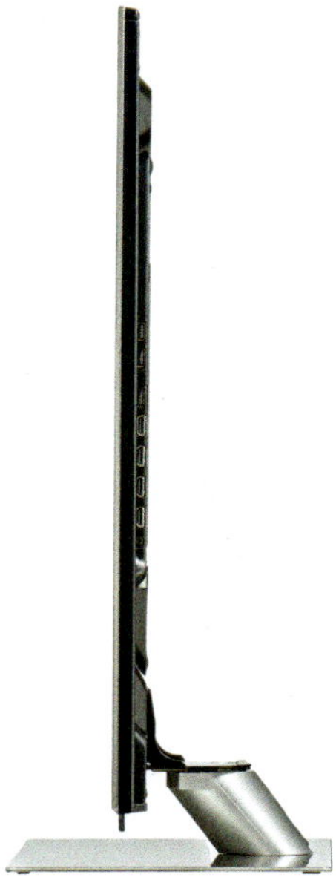

4 Physikalisches Praktikum 112

5 Wahlpflichtbereiche 128

Ziel erreicht 142

Anhang 152

Wusstest du schon ...

So kannst du vorgehen

1 Erzeugung und Umformung elektrischer Energie

1 **Ohne Treibstoff und ohne Segel einmal um die Welt?** Das 500 Quadratmeter große Deck des größten Solarboots der Welt ist mit Fotovoltaikmodulen belegt. Das Boot wird von vier Elektromotoren (176 kW) angetrieben. Wie erfolgt die Energieversorgung?

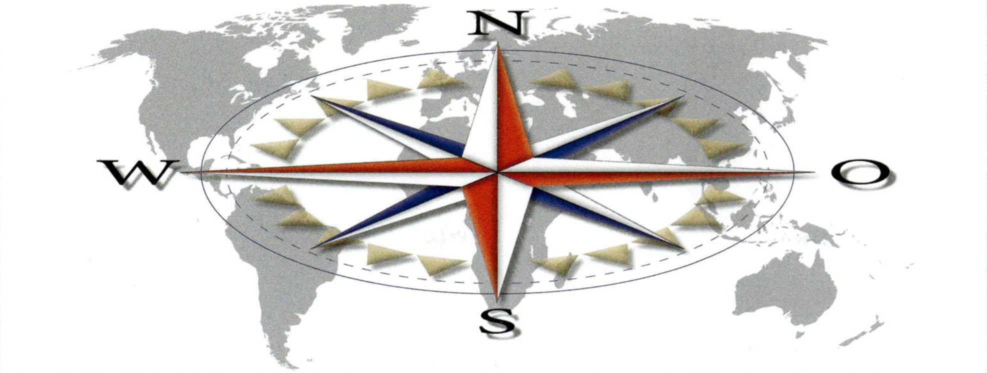

2 **Kennst du Blutsteine?**
Blutstein ist einer der Namen für das Mineral Hämatit. Werden Blutsteine entsprechend geformt, poliert und magnetisiert, kann man sie zum Schwirren bringen. Probiere es aus. Beschreibe deine Beobachtungen.

3 **Da brat mir einer ein Ei!**
Die Pfanne wird heiß, die Kochplatte bleibt kalt. Bei einem Induktionsherd wird die Hitze direkt im Pfannenboden erzeugt. Bewerte Vor- und Nachteile dieser Technik.

4 **Wie geht das denn?**
Der Akku der Zahnbürste wird immer wieder aufgeladen, obwohl zwischen der Zahnbürste und dem Grundgerät keine elektrische Verbindung besteht.

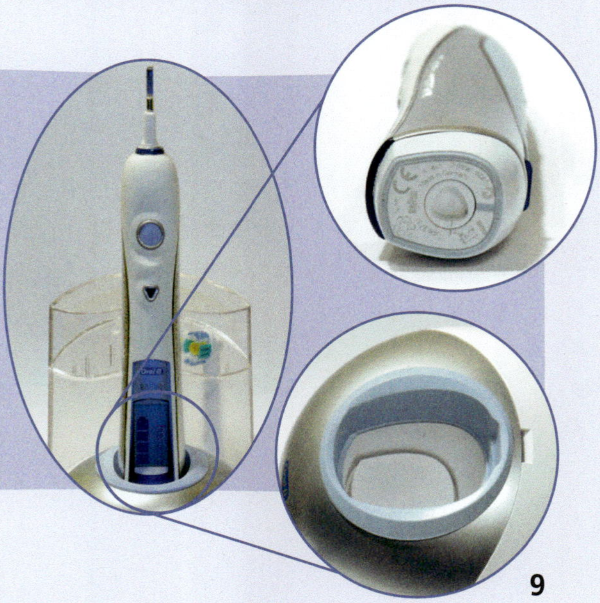

Anziehen trotz Abstand – Magnete schaffen das

Magnete und magnetisches Feld

Lege auf verschiedene Magnete eine Glasplatte oder Papier. Streue darauf Eisenfeilspäne. Vergleiche die Bilder.

Woran liegt es, dass zwischen einigen Körpern magnetische Wirkungen auftreten, obwohl sie sich nicht berühren?

Um jeden Magneten existiert ein Bereich, ein **magnetisches Feld,** in dem Kräfte auf Körper aus Eisen auftreten. Kleine Magnete und Eisenfeilspäne richten sich in einem Magnetfeld in ganz typischer Weise aus.

- Beschreibe, wie sich kleine Magnete im magnetischen Feld ausrichten.

Zeichnest du anstelle der Ketten aus Eisenfeilspänen Linien, so erhältst du ein **Feldlinienbild** des magnetischen Felds wie auf der Seite 11 oben. Es ist ein **Modell** des magnetischen Felds.
Wie jedes andere Modell ist das Feldlinienbild eine Vereinfachung der Wirklichkeit. Es stimmt in wichtigen Eigenschaften mit der Wirklichkeit überein, in anderen nicht.

- Vergleiche die Ausrichtung der Eisenfeilspäne mit der Abbildung links.

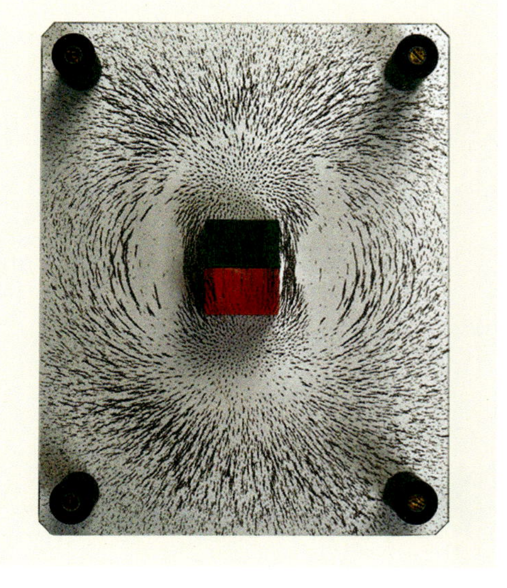

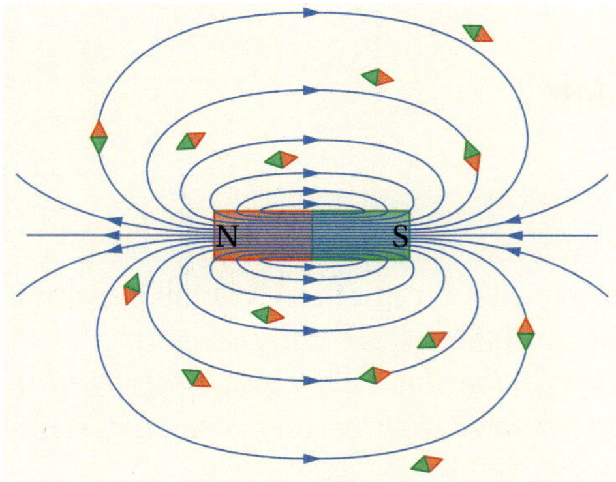

Aus dem Feldlinienbild eines Stabmagneten kannst du erkennen, wie sich kleine, drehbar gelagerte Magnete in einem Magnetfeld ausrichten.

Ihre Richtung stimmt mit der Richtung der Feldlinien überein.

- Um einen Magneten existiert ein magnetisches Feld. Es lässt sich mithilfe eines Feldlinienbilds veranschaulichen. Es ist ein Modell des Felds.

Außerhalb eines Magneten verlaufen die Feldlinien vom Nordpol zum Südpol, innerhalb des Magneten vom Süd- zum Nordpol.
Je dichter die Feldlinien liegen, umso stärker ist dort die magnetische Wirkung.

Die Richtung des Verlaufs der Feldlinien wurde in der Physik so festgelegt.

Magnete und ihre Wirkungen

Magnete ziehen Körper aus Eisen, Nickel oder Cobalt an.

Jeder Magnet hat mindestens zwei Pole, einen Nordpol und einen Südpol.

In der Nähe der Pole wirken die größten Kräfte.

Drehbar gelagerte Magnete richten sich in Nord-Süd-Richtung des Erdmagnetfelds aus.

Gleichnamige Magnetpole stoßen sich ab.

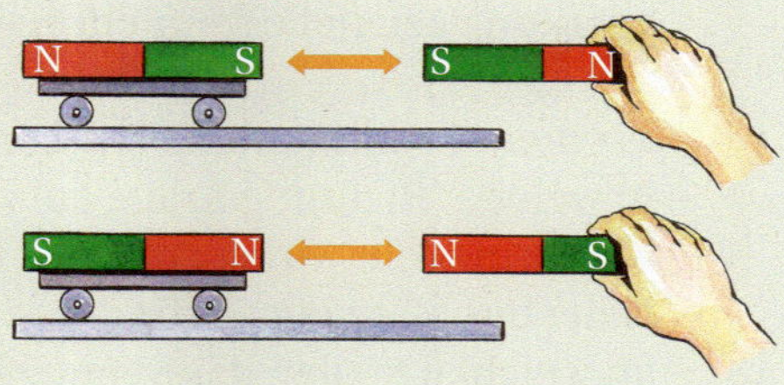

Ungleichnamige Magnetpole ziehen sich an.

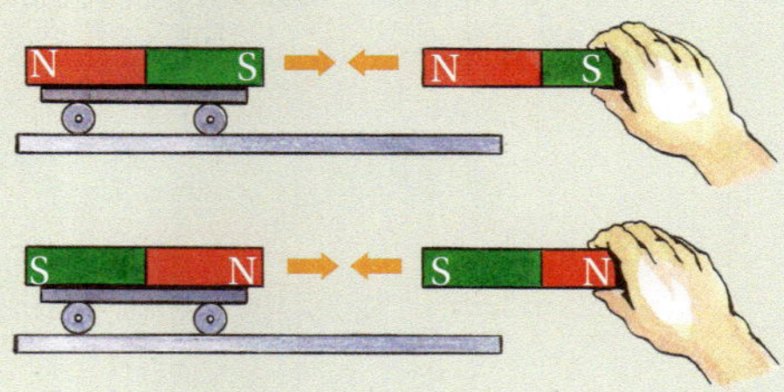

Magnete wirken durch Wasser, Luft

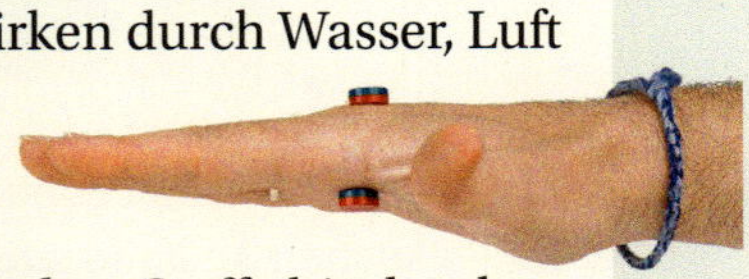

und viele andere Stoffe hindurch.

So kannst du vorgehen

Arbeiten mit Modellen

In der Physik werden Modelle genutzt, um Sachverhalte zu veranschaulichen, zu erklären oder vorauszusagen. Das wird am Beispiel des Modells **Feldlinienbild** erläutert.

Alle Modelle sind durch **Merkmale** gekennzeichnet:
- Sie werden so geschaffen, dass sie in wichtigen Eigenschaften mit der Wirklichkeit übereinstimmen, in anderen nicht.
- Sie sind nur innerhalb bestimmter Grenzen gültig und sinnvoll.
- Sie sind weder richtig noch falsch, sondern geeignet oder nicht geeignet.

Aus einem Feldlinienbild ist erkennbar,
- in welcher Richtung Kräfte auf kleine Magnetnadeln wirken, die sich in der Nähe des Magneten befinden,
- an welchen Stellen das Magnetfeld stärker oder schwächer ist.

► Schritt 1

Stelle den Sachverhalt dar.

Was willst du mit dem Modell beschreiben, erklären bzw. voraussagen?
Beschreibe das Feld eines Hufeisenmagneten und sage voraus, wie sich kleine Magnete im Feld ausrichten.

► Schritt 2

Wende das Modell an.

In der Nähe der beiden Pole eines Hufeisenmagneten verlaufen die Feldlinien am dichtesten. In diesen Bereichen ist die Stärke des Magnetfelds am größten. Kleine Magnete richten sich so aus, wie die Feldlinien verlaufen.
Beachte die **Grenzen des Modells:**
- Das Feld ist im gesamten Raum um einen Magneten vorhanden, nicht nur in der gezeichneten Ebene.
- Das Feld existiert auch zwischen den Feldlinien.
- Du kannst keine Aussage über die absolute Stärke des Felds treffen.

Feldlinienbild zwischen zwei verschieden gepolten magnetischen Platten	Feldlinienbild um einen Hufeisenmagneten
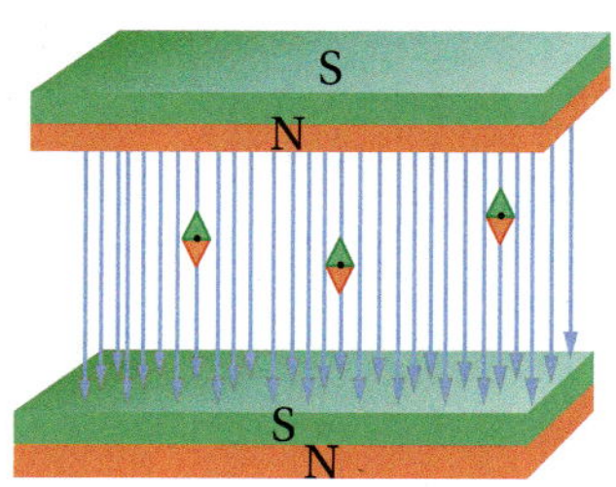	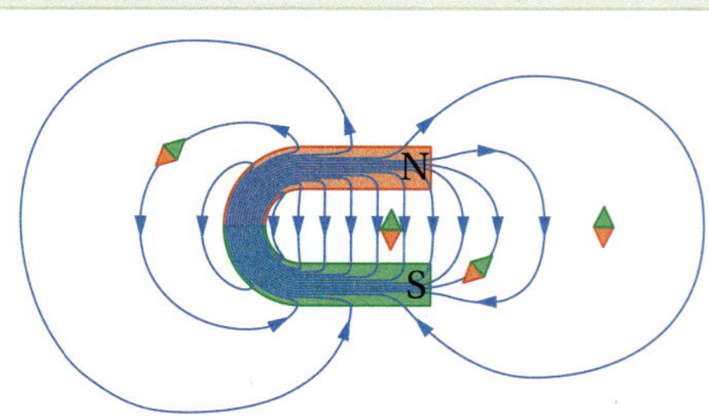
Die Feldlinien verlaufen parallel und im gleichen Abstand zueinander. Sie haben überall die gleiche Richtung. Das Feld ist überall gleich stark.	Die Feldlinien verlaufen nicht parallel zueinander. Ihre Abstände und Richtungen sind unterschiedlich. Das Feld ist in der Nähe der Pole am stärksten.

Wusstest du schon …

Das Magnetfeld der Erde

Unsere Erde ist ein großer, wenn auch relativ schwacher Magnet. Sie ist damit von einem Magnetfeld umgeben.
Die magnetischen Pole der Erde liegen in der Nähe ihrer geografischen Pole: Im Norden liegt der magnetische Südpol, im Süden der magnetische Nordpol.

Da die geografischen Pole und die magnetischen Pole nicht zusammenfallen, zeigt eine Kompassnadel nicht genau in Nord-Süd-Richtung. Je nachdem, wo du dich auf der Erde befindest, ist diese Abweichung unterschiedlich groß. In Deutschland beträgt sie 1 bis 2°.

Das Erdmagnetfeld schirmt uns von dem Teilchenstrom (Sonnenwind) ab, der ständig von der Sonne ausgeht.
Im Zusammenhang mit Sonnenflecken kann es zu kurzzeitigen Veränderungen und Störungen des Magnetfelds kommen (magnetische Stürme).

Feldlinienbild um die Erde in Erdnähe

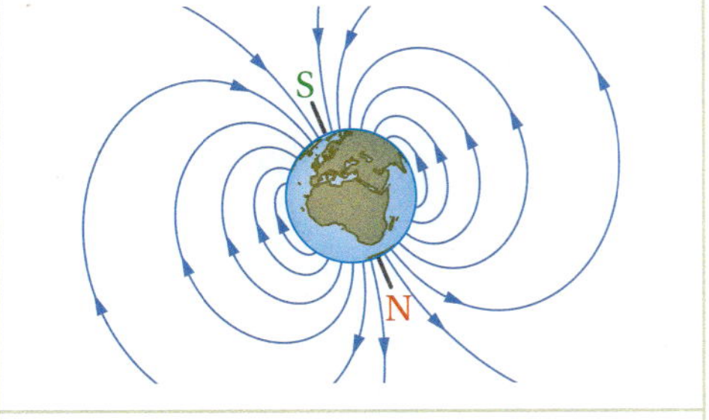

Das Magnetfeld der Erde ähnelt dem Feld eines Stabmagneten. Die Feldlinien verlaufen in Nord-Süd-Richtung. Das Feld ist in der Nähe der Pole am stärksten.

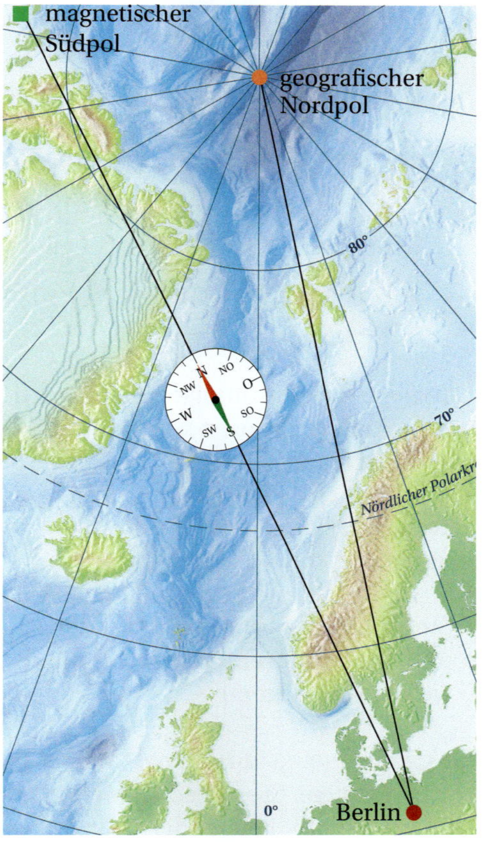

Der magnetische Südpol liegt in der Nähe des geografischen Nordpols.

Die Lage der magnetischen Pole der Erde ändert sich mit der Zeit. Diese Veränderungen sind allerdings relativ klein und spielen z. B. für die Nutzung eines Kompasses keine Rolle.

Auch die Stärke des Magnetfelds der Erde verändert sich mit der Zeit. Gegenwärtig befinden wir uns in einer Phase der Abschwächung.

Im Laufe der Erdgeschichte hat sich die Polung des Erdmagnetfelds mehrfach verändert. Das ist aber ein Vorgang, der mehrere Tausend Jahre dauert.

Anziehen trotz Abstand – Magnete schaffen das

Magnetfelder stromdurchflossener Leiter

Auf Schrottplätzen werden schwere Teile aus Eisen oder Stahl mit Lasthebemagneten bewegt. Wie funktionieren sie?

Der elektrische Strom hat eine magnetische Wirkung. Diese ist besonders groß, wenn ein Draht um einen Eisenkern, z. B. um einen Nagel, zu einer Spule aufgewickelt wird. So entsteht ein **Elektromagnet**.

> Stromdurchflossene gerade Leiter und stromdurchflossene Spulen wirken wie Magnete.

Elektromagnete sind oft viel stärker als Dauermagnete. Sie lassen sich abschalten und in der Stärke ändern. Sie haben einen Nord- und einen Südpol. Wenn du die Richtung des Stroms änderst, dann wechseln Nordpol und Südpol ihre Lage.

Feldlinienbild um eine Spule (a) und einen stromdurchflossenen geraden Leiter (b)

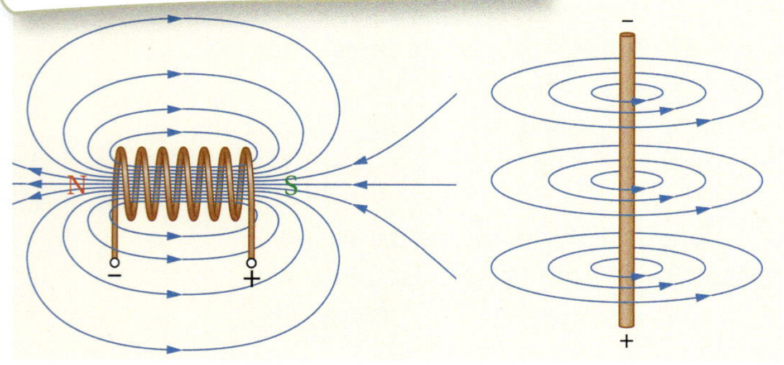

Aufgaben

1 Erkläre, warum die Spule eines Lasthebemagneten einen Eisenkern hat.

2 Beschreibe das Feldlinienbild einer stromdurchflossenen Spule. Vergleiche dieses Feldlinienbild mit dem eines Stabmagneten. ↗ S. 15

3 Schreibe einen Text, in dem du die Wirkungsweise eines Lasthebemagneten erklärst. Nimm die folgende Abbildung zu Hilfe.

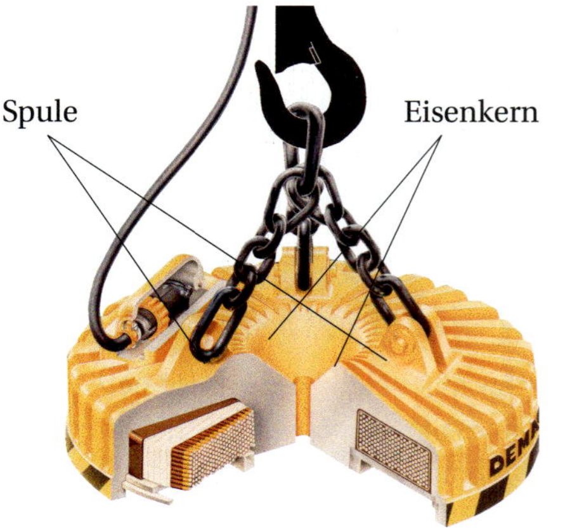

So kannst du vorgehen

Vergleichen

Wenn du etwas vergleichst, suchst du nach Gemeinsamkeiten und Unterschieden zwischen mindestens zwei Objekten oder Vorgängen. Ein Vergleich hat immer einen bestimmten Zweck.

▶ Schritt 1

Lege die Objekte fest, die du vergleichen willst.

Vergleiche Dauermagnete und Elektromagnete. Was haben sie gemeinsam? Worin unterscheiden sie sich?

▶ Schritt 2

Wähle geeignete Merkmale aus.

- *Wie sind die Magnete aufgebaut?*
- *Wie wirken die Magnete auf andere Körper?*
- *Wo ist die Wirkung der Magnete am größten?*
- *Kann die magnetische Wirkung abgeschaltet werden?*
- *Lassen sich Magnete umpolen?*

▶ Schritt 3

Führe den Vergleich durch.

Ermittle Gemeinsamkeiten und Unterschiede der Objekte, die du vergleichst.

Gemeinsamkeiten:
Beide ziehen Magnete (auch Elektromagnete) und Körper aus Eisen, Nickel oder Cobalt an. An den Polen ist die magnetische Wirkung am größten. Gleichnamige Magnetpole stoßen sich ab. Ungleichnamige Magnetpole ziehen sich an.
*Die **Unterschiede** sind in der Übersicht unten dargestellt.*

▶ Schritt 4

Leite eine Schlussfolgerung ab.

Elektromagnete und Dauermagnete wirken auch aufeinander ein. Das zeigt sich, wenn du eine Kompassnadel in die Nähe eines Elektromagneten bringst.

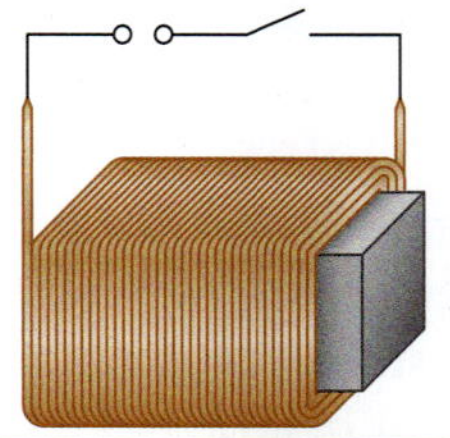

Unterschiede zwischen Dauermagneten und Elektromagneten	
Dauermagnete	Elektromagnete
Sie bestehen aus Eisen, Nickel oder Cobalt bzw. werden aus speziellen Legierungen hergestellt.	Sie bestehen aus einer Spule mit Eisenkern, die an eine Spannungsquelle angeschlossen wird.
Sie lassen sich nicht umpolen.	Sie lassen sich durch Vertauschen der Anschlüsse umpolen.
Ihre magnetische Wirkung kann nicht abgeschaltet und stufenlos geregelt werden.	Ihre magnetische Wirkung kommt nur bei Stromfluss zustande, kann also abgeschaltet und stufenlos geregelt werden.

Anziehen trotz Abstand – Magnete schaffen das

Der Elektromotor

Nicht alle Elektrofahrräder (E-Bikes) kommen so futuristisch daher. Alle E-Bikes werden von einem Elektromotor angetrieben. Wie funktioniert er?

Der Akku „steckt" unsichtbar im Rahmen.

Bei diesem Modell eines Elektrofahrrads befindet sich der Elektromotor in der Nabe des Vorderrads. Er wandelt elektrische Energie in mechanische Energie um. Die elektrische Energie erhält der Motor von einem Akku. Dieser ermöglicht Reichweiten über 50 km, bis er wieder aufgeladen werden muss.

Jeder Elektromotor besteht aus einem **Rotor** und einem **Stator.** Nicht immer ist der Stator ein Dauermagnet wie in der Abbildung unten. Der Rotor ist eine Spule mit einem Eisenkern. Je nachdem, in welcher Stellung sich der Rotor befindet, ruft das Magnetfeld des Stators anziehende oder abstoßende magnetische Kräfte auf den Rotor hervor.

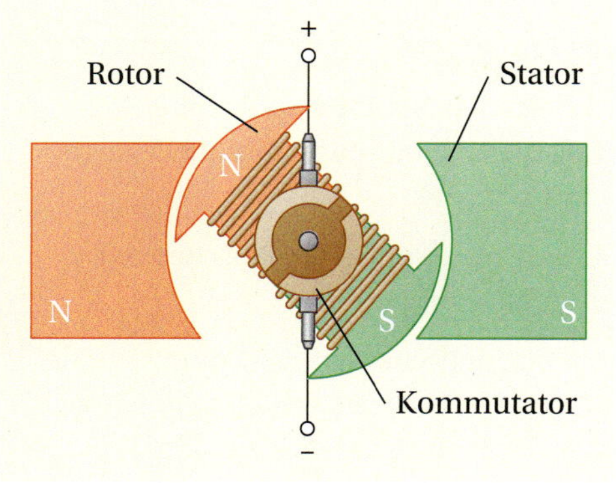

Wenn sich der Rotor in der waagerechten Lage befindet, wirken keine Kräfte auf ihn, weil sich ungleichnamige Pole gegenüberstehen.

Damit sich der Rotor trotzdem weiterdreht, muss der Strom durch die Spule nach jeder halben Drehung umgepolt werden. Das geschieht durch zwei Halbringe aus Metall, den **Kommutator.** Die beiden Halbringe sind gegeneinander isoliert. Jeder Halbring ist mit einem Ende der Spule und über Kohlebürsten mit einer Spannungsquelle verbunden.

Damit ein Elektromotor „rund"läuft, kommen meist komplizierter aufgebaute Rotoren zum Einsatz.

Ein Elektromotor beruht auf dem **elektromotorischem Prinzip:** Wenn sich ein stromdurchflossener Leiter in einem Magnetfeld befindet, so wirkt auf ihn - wie auf einen Dauermagneten - eine Kraft. Sie versetzt den Leiter in Bewegung. Dabei wird elektrische Energie in mechanische Energie umgewandelt:

$$E_{el} \rightarrow E_{mech}$$

Erforsche es

Untersuchungen zum Elektromotor

1. Untersuche, wie sich ein stromdurchflossener Leiter, z. B. ein Streifen aus Aluminiumfolie, im Magnetfeld eines Hufeisenmagneten verhält.
   Baue den Versuch entsprechend der Abbildung rechts auf.
   Was passiert, wenn du die Anschlüsse an der Batterie vertauschst oder den Magneten umdrehst?
   Beschreibe und deute deine Beobachtungen.

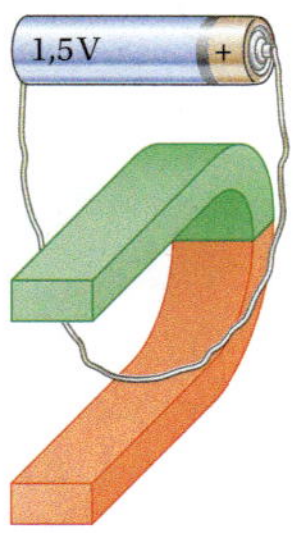

2. Baue das Modell eines Gleichstrommotors wie in der Abbildung rechts oben.
   Wie kannst du die Kompassnadel durch Ein- und Ausschalten des Elektromagneten zum Drehen bringen?

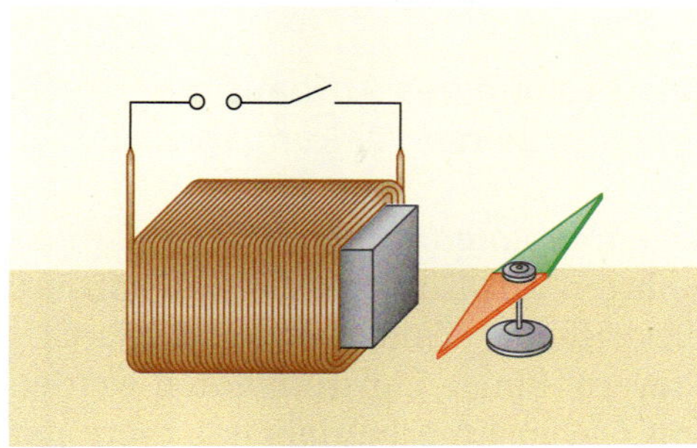

3. Verwende als Rotor eine Spule wie in der Abbildung (Messingschraube).
   Der Stator ist ein Hufeisenmagnet.
   Stelle eine Vermutung auf, was passiert, wenn der Schalter geschlossen wird.
   Überprüfe deine Vermutung in einem Experiment.

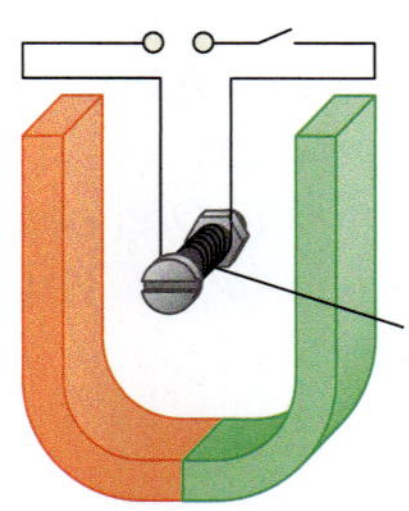

Aufgaben

1 Wo begegnen dir im Alltag Elektromotoren? Erstelle eine Mindmap.

2 Diskutiert, warum nach jeweils einer halben Drehung des Rotors die Stromrichtung durch die Spule geändert werden muss.

3 Was ändert sich, wenn die Spannung in dem Experiment rechts umgepolt wird?

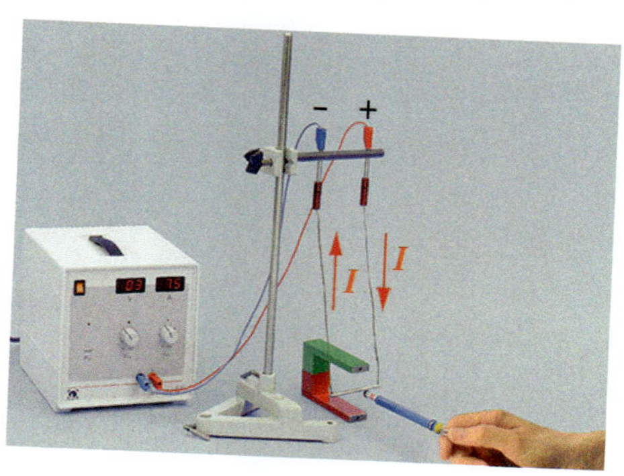

Das Experiment zeigt die Kraftwirkung auf einen stromdurchflossenen geraden Leiter.

So kannst du vorgehen

Beschreiben des Aufbaus eines technischen Geräts und Erklären seiner Wirkungsweise

Elektromotoren treiben viele Geräte und Anlagen an. Du findest sie in Mixern, elektrischen Zahnbürsten oder CD-Playern. Einige Elektromotoren werden mit Gleichstrom betrieben, andere mit Wechselstrom.

Beschreibe den Aufbau eines Gleichstrommotors und erkläre seine Wirkungsweise.

► Schritt 1

Nenne den Verwendungszweck.

Ein Gleichstrommotor wandelt elektrische Energie in Bewegungsenergie um. Dabei wird die Kraftwirkung von Elektromagneten genutzt.
Der Motor ruft eine Drehbewegung hervor, durch die Geräte und Anlagen angetrieben werden.

► Schritt 2

Beschreibe den Aufbau.

Nenne die Teile des technischen Geräts, die für das Wirken physikalischer Gesetze wesentlich sind. Lasse dabei die technischen Details unberücksichtigt. Sie sind in diesem Zusammenhang nicht von Interesse.

Die wesentlichen Teile sind ein feststehender Feldmagnet (Stator), ein drehbar gelagerter Anker (Rotor), der Kommutator (Polwender) und die Kohlebürsten.
Der Anker ist ein Elektromagnet. In der Abbildung links unten hat er die Form eines doppelten „T“. In der Praxis verwendet man komplizierter aufgebaute Anker, z. B. Trommelanker. Ein Beispiel für einen Trommelanker findest du auf der gegenüberliegenden Seite rechts oben. In starken Motoren ist der Feldmagnet ein Elektromagnet.

► Schritt 3

Führe die Wirkungsweise des Geräts auf physikalische Gesetze zurück.

Überlege, mit welchen Gesetzen du die Wirkungsweise des Geräts erklären kannst.

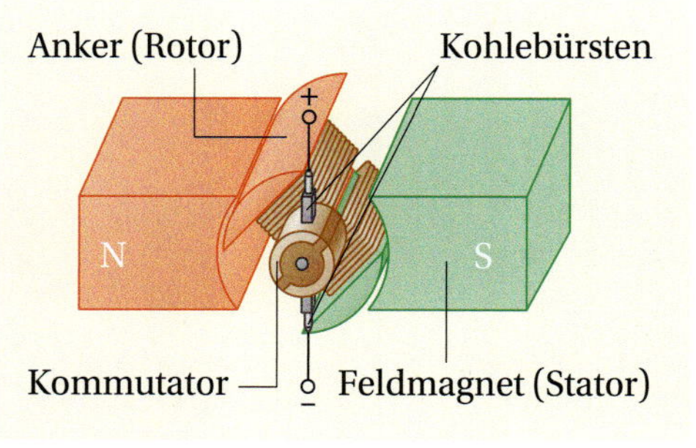

Prinzipieller Aufbau eines Gleichstrommotors (links) und eines aufgeschnittenen Elektromotors: Finde in beiden Abbildungen Rotor, Stator und Kommutator.

Die Wirkungsweise eines Elektromotors kann mit der Anziehung und Abstoßung von Magnetpolen erklärt werden. Zwischen den beiden Polen des Feldmagneten besteht ein Magnetfeld. Über die Kohlebürsten fließt der Strom durch den Anker. Er besteht im einfachsten Fall aus einer drehbar gelagerten Leiterschleife.

Durch den Stromfluss wird der Anker zu einem Elektromagneten. Es treten Kräfte zwischen dem Feldmagneten und dem Anker auf. Diese Kräfte führen zu einer Drehbewegung des Ankers.

Wenn sich die ungleichnamigen Magnetpole des Feldmagneten und des Ankers gegenüberstehen, bewegt sich der Anker zunächst wegen seiner Trägheit weiter.

Das Magnetfeld des Ankers muss umgepolt werden, damit die Drehbewegung weiterlaufen kann. Das geschieht durch den Kommutator.

Es treten wieder abstoßende und anziehende Kräfte zwischen dem Feldmagneten und dem Anker auf.

Trommelanker sorgen für einen gleichmäßigen Lauf des Motors.

Die Kräfte führen zur Fortsetzung der Drehbewegung. Dieser Vorgang wiederholt sich ständig.

Wende die Schrittfolge an:
Beschreibe den Aufbau des Modells eines Gleichstrommotors und erkläre seine Wirkungsweise.

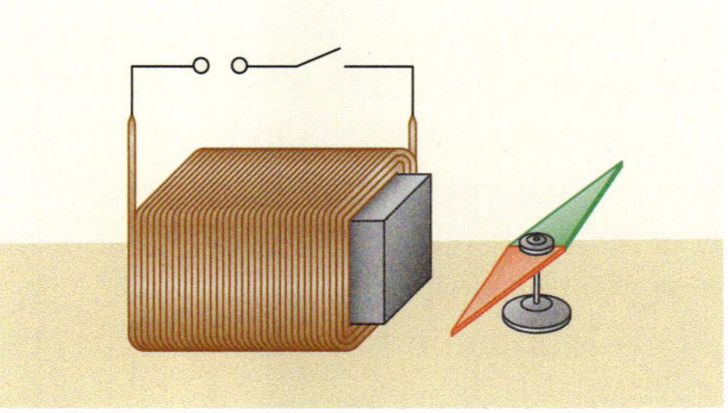

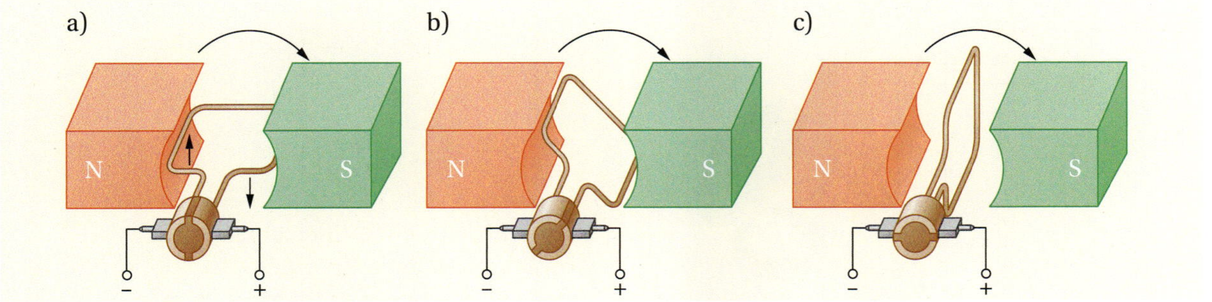

Wirkungsweise eines Gleichstrommotors: Auf Teile der stromdurchflossenen Leiterschleife im Magnetfeld wirkt ein Kräftepaar und ruft eine Drehbewegung hervor.

Das hast du gelernt

Anziehen trotz Abstand – Magnete schaffen das

Um einen Magneten wirken Kräfte auf Körper aus Eisen, Nickel, Cobalt und auf andere Magnete. Das geschieht ohne direkten Kontakt.

Jeder Magnet hat mindestens einen Nordpol und einen Südpol.

Wichtige Anwendungen von Elektromagneten sind Lasthebemagnete und Gleichstrommotoren.

Gleichnamige Pole stoßen sich ab, ungleichnamige Pole ziehen sich an.

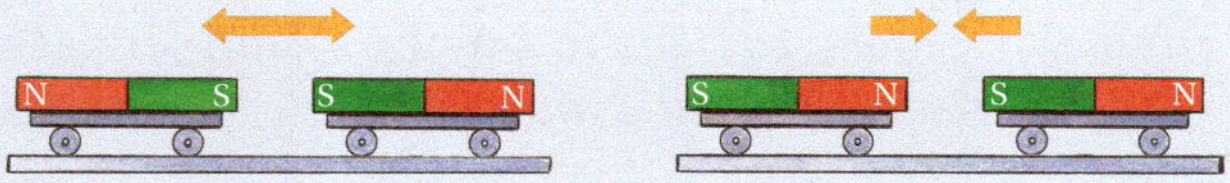

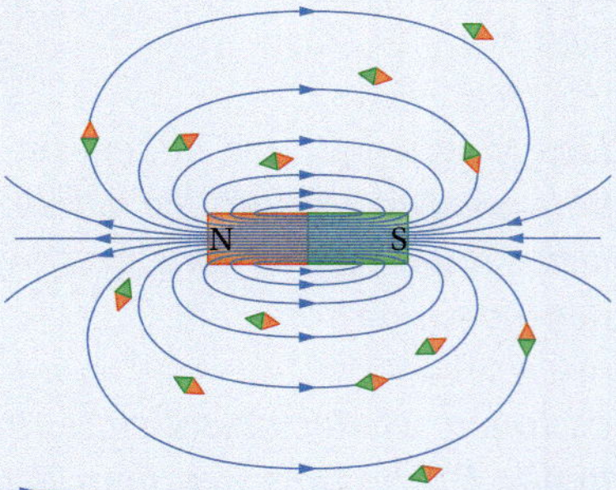

Der Bereich um einen Magneten, in dem anziehende und abstoßende Wirkungen auftreten, heißt **magnetisches Feld.**
Das Feld kann mithilfe eines Feldlinienbilds dargestellt werden.
Das **Feldlinienbild** ist ein Modell des Felds.

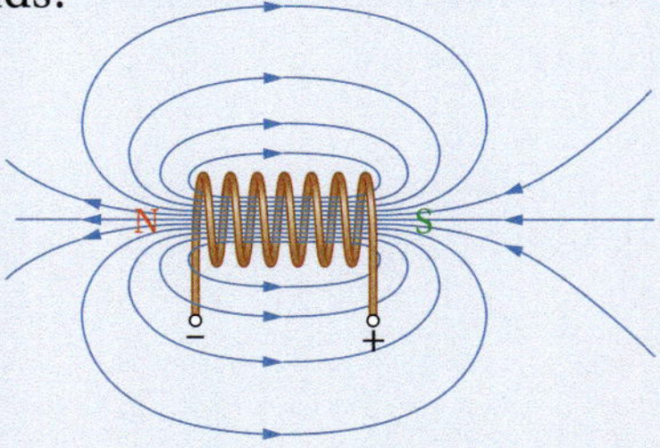

Unsere Erde ist ein großer, aber relativ schwacher Magnet. Im Magnetfeld der Erde richten sich Kompassnadeln in Nord-Süd-Richtung aus.

Löse mit Köpfchen

1. Magnete in Geräten

a) Erkläre, wie magnetische
- Seifenhalter,
- Schraubendreher,
- Büroklammerspender

funktionieren. ↗S. 97

b) Finde weitere Gegenstände oder Geräte, in denen Magnete angewendet werden.

2. Aus 1 mach 2?

Ein Stabmagnet wurde versehentlich zerbrochen. Was kannst du über die magnetische Wirkung der beiden Teile voraussagen?

3. Schwebender Magnet

Ein Scheibenmagnet schwebt über einem anderen, so wie in der Abbildung dargestellt. Was passiert, wenn der obere Magnet umgedreht wird?

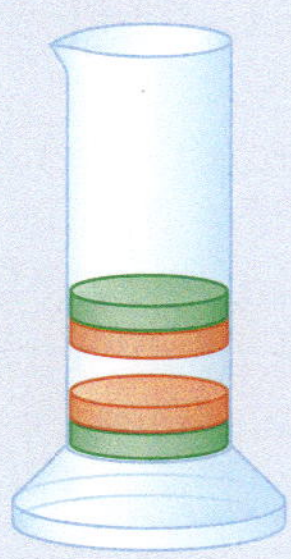

4. Elementarmagnete

Körper aus Eisen, Nickel und Cobalt werden in der Nähe eines starken Magneten selbst magnetisch. Magnetisierbare Stoffe bestehen aus winzigen Bereichen, von denen sich jeder wie ein kleiner Magnet verhält.

a) Recherchiere, wie Magnete hergestellt werden können. Nutze auch die Abbildungen unten.

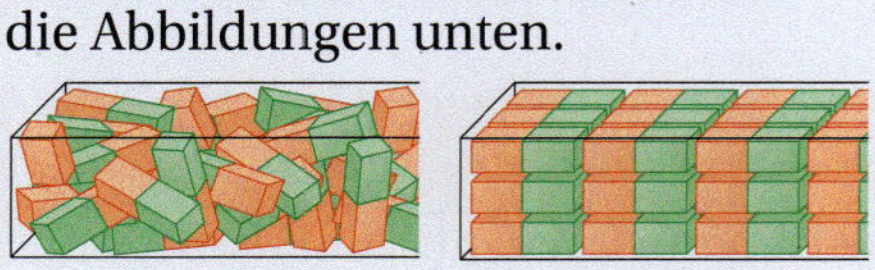

b) Erkläre, warum ein magnetisierter Eisennagel seine Wirkung verliert, wenn er mit einem Hammer bearbeitet wird. +

5. Ein Nagel als Magnet

Wenn man an einem Nagel aus Eisen mehrmals gleichmäßig mit einem Magneten in gleicher Richtung entlangstreicht, wird der Nagel magnetisiert.

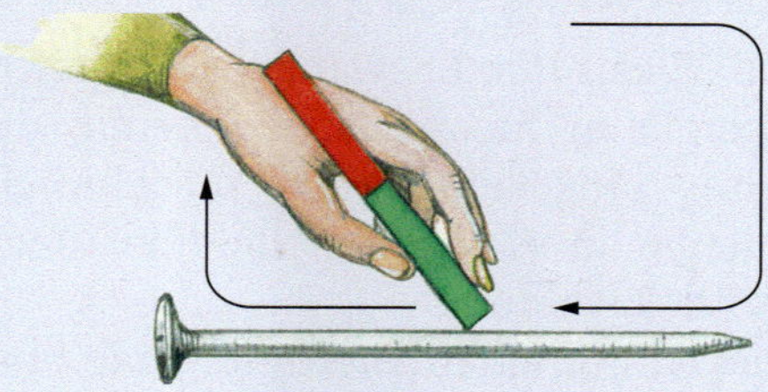

a) Stelle einen solchen Magneten her.

b) Ermittle, wo bei diesem Magneten Nord- und Südpol liegen.

6. Modell sucht Original

Die Feldlinienbilder rechts veranschaulichen Magnetfelder. Entwickle Ideen, durch welche Anordnungen diese Feldlinienbilder erzeugt worden sein könnten. +

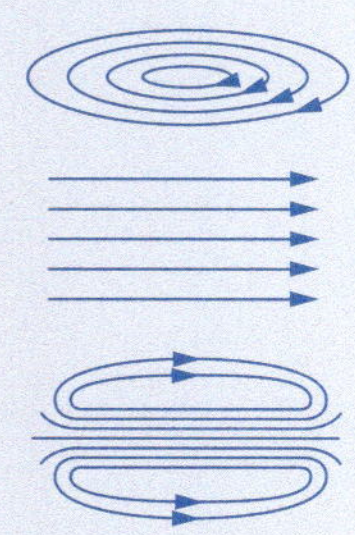

7. Elektromagnete als Lastenheber

Schwere Stahlplatten werden mithilfe von Elektromagneten (rot) transportiert. Warum funktioniert das nicht mit Platten aus Aluminium oder Glas? Was würde passieren, wenn der Stromfluss unterbrochen wird?

Strom aus dem Nichts?

Die elektromagnetische Induktion

Wenn du den Stabmagneten in die Spule mit der Windung eintauchst, dann bewegt sich der Zeiger. Wodurch wird die Spannung erzeugt?

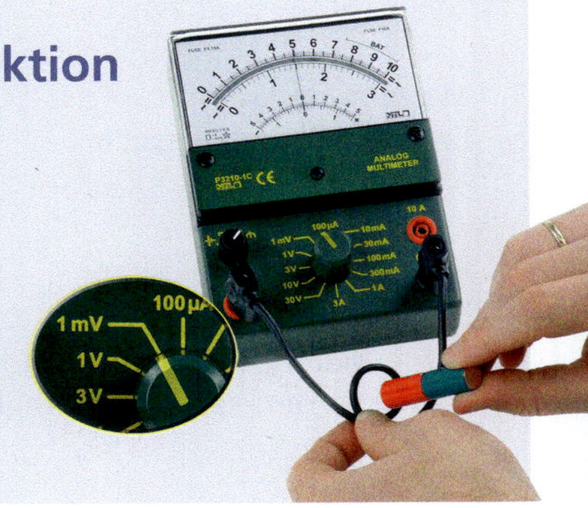

Ein Elektromotor wandelt elektrische Energie in mechanische Energie um. Kann umgekehrt auch mechanische Energie in elektrische Energie umgewandelt werden?
Das ist mit einer Anordnung wie oben tatsächlich möglich. Du benötigst ein empfindliches Messgerät mit einem Messbereich von 1 mV, bei dem sich der Zeiger in Mittellage befindet. Die Schlaufe ist eine Spule mit einer Windung. Die erzeugte Spannung wird größer, wenn die Spule mehr Windungen hat.
Das Prinzip heißt **Generatorprinzip,** der Vorgang **elektromagnetische Induktion.** Nach diesem Prinzip funktioniert ein Fahrraddynamo.

In einer Spule aus Kupferdraht dreht sich ein besonders aufgebauter Dauermagnet.

- Vergleiche die Energieumwandlungen beim elektromotorischen Prinzip und beim Generatorprinzip.

Du kannst ebenfalls eine elektrische Spannung induzieren, wenn du die Spule in einem Magnetfeld bewegst. Es ist egal, ob du den Dauermagneten oder die Spule bewegst.
Immer dann, wenn sich bei einer Bewegung das Magnetfeld ändert, das von der Spule umfasst wird, wird in ihr eine elektrische Spannung induziert (↗ Abb. a, b).

Die Spule, in der die Spannung entsteht, heißt ***Induktionsspule.***

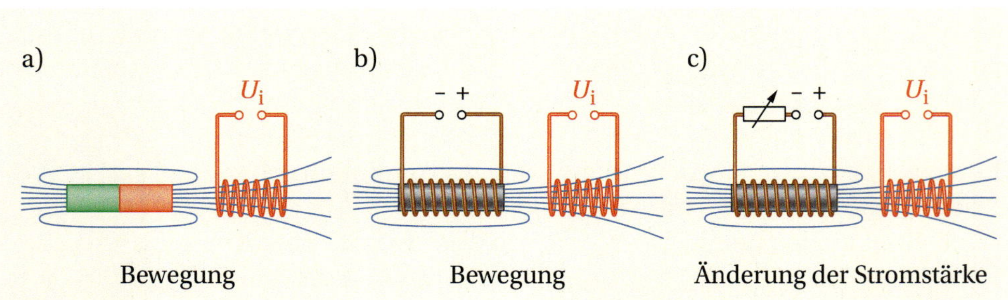

- Anordnungen zur Erzeugung einer Induktionsspannung: Wie kannst du das magnetische Feld in der Spule verändern, um eine elektrische Spannung zu induzieren?

Erforsche es

Der Betrag der Induktionsspannung

Untersuche, unter welchen Bedingungen in einer Spule eine möglichst große Spannung induziert wird. Miss die Induktionsspannungen mit einem Voltmeter, dessen Zeiger sich in Mittellage befindet.

a) Verwende unterschiedlich starke Dauermagneten und bewege sie gleichmäßig aus der Spule heraus.

b) Bewege einen Magneten langsam und schnell aus der Spule heraus. Schalte Spulen mit verschiedenen Windungszahlen in Reihe mit dem Voltmeter.

c) Schiebe einen Eisenkern in die Spule und bewege den Dauermagneten in einer bestimmten Entfernung auf und ab. Entferne den Eisenkern wieder und bewege den Dauermagneten in gleicher Weise vor der Spule.

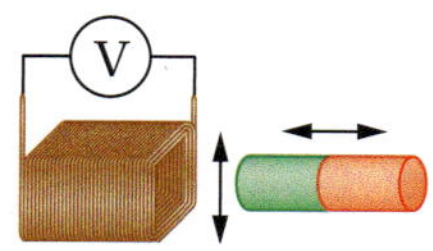

Das Magnetfeld kannst du auch mit einem Elektromagneten erzeugen (↗ S. 22, Abb. b, c). Wenn du die Stromstärke in dem Elektromagneten veränderst, ändert sich die Stärke seines Magnetfelds. Es wird eine elektrische Spannung in der Spule induziert. Eine besonders einfache Art, die Stromstärke in der Spule zu ändern, ist das Ein- und Ausschalten des Stroms (↗ S. 22, Abb. c).

Allgemein gilt: Das von der Induktionsspule umfasste Magnetfeld muss sich ändern, damit zwischen ihren Enden eine Spannung entsteht.

Wovon der **Betrag der Induktionsspannung** abhängt, zeigt die Grafik unten.

Der Strom, der durch die Induktionsspannung hervorgerufen wird, heißt **Induktionsstrom.** Seine Richtung hängt davon ab, in welcher Weise sich das Magnetfeld in der Spule ändert.
Alle Erkenntnisse lassen sich zu einer Aussage darüber zusammenfassen, unter welchen Bedingungen in einer Spule eine Induktionsspannung entsteht.

> In einer Spule wird eine Spannung induziert, wenn sich das Magnetfeld ändert, das von ihr umfasst wird.

Dieses Gesetz heißt **Induktionsgesetz.** Es wurde 1831 von dem englischen Physiker Michael Faraday (1791–1867) entdeckt (Näheres auf Seite 25).

Aufgaben

1 Beschreibe ein Experiment, mit dem du zeigen kannst, dass der Betrag der Induktionsspannung vom Bau der Spule abhängt.

2 Fasse die Bedingungen zusammen, unter denen Induktionsspannungen erzeugt werden können.

Das lenzsche Gesetz

Durch elektromagnetische Induktion entsteht elektrische Energie. Nach dem Gesetz von der Erhaltung der Energie kann diese nur durch Umwandlung anderer Energien entstehen. Das beschreibt das **lenzsche Gesetz.**

Dieses Gesetz entdeckte der deutsche Physiker HEINRICH FRIEDRICH EMIL LENZ (1804 bis 1865).

Der Induktionsstrom ist stets so gerichtet, dass er der Ursache seiner Entstehung entgegenwirkt.

Wenn ein Stromkreis geschlossen wird, in dem sich eine Spule befindet, dann steigt die Stromstärke an. Um die Spule wird ein Magnetfeld aufgebaut. Es umfasst die Spule selbst und induziert in dieser eine Spannung. Es fließt ein Induktionsstrom.

Der Vorgang heißt **Selbstinduktion.** Nach dem lenzschen Gesetz ist der Induktionsstrom so gerichtet, dass er beim Einschalten dem ursprünglichen Strom entgegenwirkt und ihn somit schwächt. Die Stromstärke steigt nur langsam an. Beim Öffnen des Stromkreises sinkt die Stromstärke aufgrund der Selbstinduktion in der Spule nur allmählich ab.

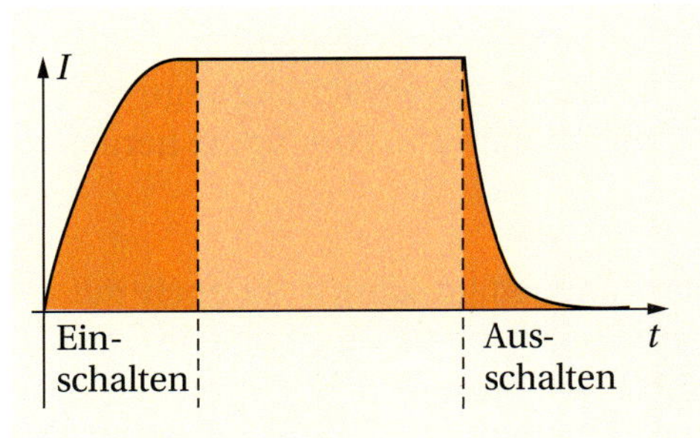

Interpretiere das $I(t)$-Diagramm.

Wusstest du schon …

Wirbelströme

Spannungen werden nicht nur in Spulen induziert, sondern auch in anderen Leitern. Voraussetzung ist, dass sich das Magnetfeld ändert, das von ihnen umfasst wird.
So werden in metallischen Platten oder Stäben Spannungen induziert, wenn sie sich in einem Magnetfeld befinden, das sich ändert. Diese Induktionsspannungen rufen Ströme hervor, die wegen ihrer Form **Wirbelströme** heißen.
Wirbelströme sind Induktionsströme. Sie sind nach dem lenzschen Gesetz so gerichtet, dass sie der Ursache ihrer Entstehung entgegenwirken.

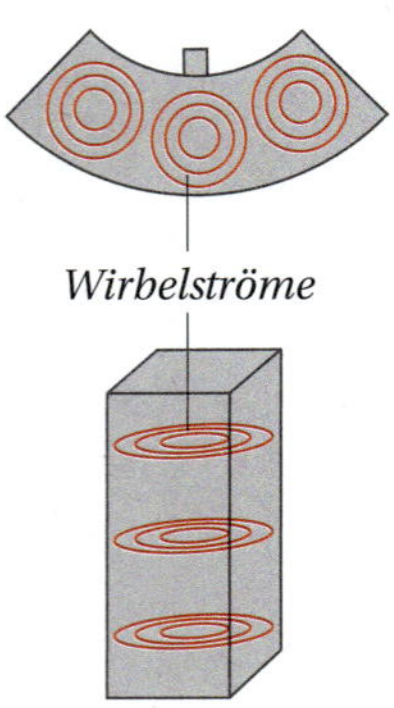

Wirbelströme in massiven Stäben und Platten

Das wird bei Wirbelstrombremsen genutzt. In einer Scheibe, die sich im Magnetfeld bewegt, entstehen Wirbelströme.

Sie bremsen die Bewegung der Scheibe ab. Im Modell kommt das schwingende Pendel zum Stillstand, wenn der Stromkreis geschlossen wird.
Wirbelströme führen zu Erwärmungen massiver Teile wie die Kerne von Transformatoren. Um das zu vermeiden, werden die Kerne aus dünnen Blechen zusammengesetzt, die gegeneinander isoliert sind.

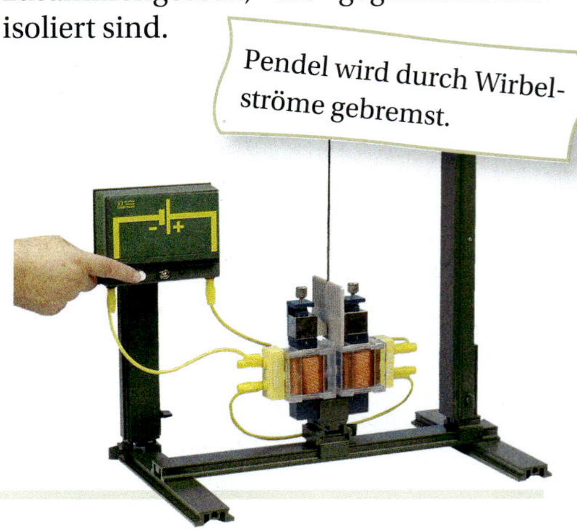

Wusstest du schon …

Die Entdeckung der elektromagnetischen Induktion

Durch Entdeckungen von LUIGI GALVANI (1737–1798) und von ALESSANDRO VOLTA (1745–1827) konnten erstmals leistungsfähige Spannungsquellen entwickelt werden. Sie ermöglichten ab 1800 viele Untersuchungen zu Wirkungen des elektrischen Stroms.

Der dänische Physiker HANS CHRISTIAN OERSTED (1777–1851) vertrat die Auffassung, dass Elektrizität und Magnetismus zusammenhängen. 1820 entdeckte er die magnetische Wirkung des elektrischen Stroms, die Erzeugung von Magnetismus durch elektrischen Strom.
ANDRÉ MARIE AMPÈRE (1775–1836) entwickelte OERSTEDS Entdeckung weiter. Er entdeckte Kraftwirkungen zwischen stromdurchflossenen Leitern und schuf die Grundlagen für die Entwicklung von Elektromotor und Amperemeter.

Auch der englische Naturforscher MICHAEL FARADAY baute die Experimente von OERSTED nach. Sie veranlassten ihn, die Fragestellung umzukehren: Er suchte die Erzeugung von elektrischem Strom durch Magnetismus.

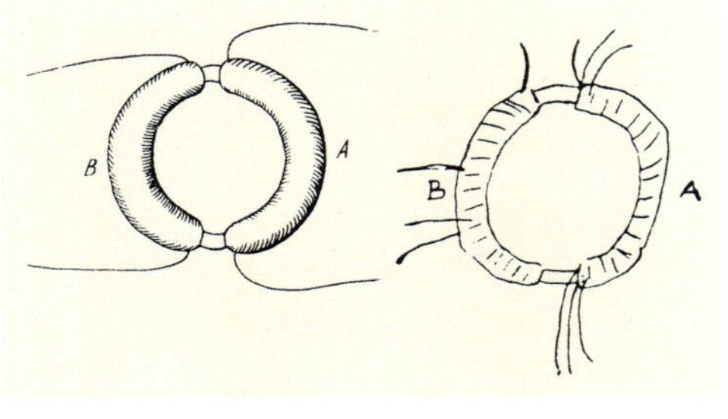

Faradays Versuchsgeräte: Zwei Spulen befinden sich auf einem eisernen Ring.

1822 formulierte FARADAY in seinem Tagebuch die Aufgabe: „Verwandlung von Magnetismus in Elektrizität".
FARADAY benötigte zehn Jahre, bis ihm 1831 ein entscheidender Versuch gelang (↗ Abb. unten): Er verband Spule A mit einer Spannungsquelle, Spule B mit einem Kupferdraht, der sich über einer Kompassnadel befand. Beim Öffnen und Schließen des Stromkreises wurde die Kompassnadel abgelenkt.
Innerhalb von drei Monaten entwickelte FARADAY nicht nur alle wichtigen Versuche zur elektromagnetischen Induktion, sondern auch die Urform eines Generators. Er fand die Ursache für die Entstehung einer Induktionsspannung in einer Spule. Diese physikalischen Zusammenhänge sind die Grundlage der gesamten Elektrotechnik.

Auch in anderen Bereichen der Physik leistete MICHAEL FARADAY Hervorragendes. Er entwickelte eine anschauliche Vorstellung von magnetischen Feldern mithilfe von Feldlinien und fand grundlegende Gesetze zum Stromfluss in leitenden Flüssigkeiten.

MICHAEL FARADAY (1791–1867) entdeckte die elektromagnetische Induktion.

FARADAY entwickelte auch Vorstellungen über das Wesen des Lichts. Diese erwiesen sich als weitgehend zutreffend.

Aufgaben

1 _ Beschreibe die Ergebnisse des OERSTED-Versuchs.

2 _ Markiere auf einem Zeitstrahl wichtige Stationen auf dem Weg zur Entdeckung der elektromagnetischen Induktion. Lies dazu den Text.

So kannst du vorgehen

Arbeiten mit der experimentellen Methode

Bei der **experimentellen Methode** wird das Experiment als „Frage an die Natur" eingesetzt. So kannst du neue Erkenntnisse gewinnen.
Ausgangspunkt kann eine Beobachtung sein, die du in der Natur, im Alltag oder beim Experimentieren gemacht hast. Du wüsstest gern, was dahintersteckt? So kannst du vorgehen.

▶ Schritt 1

Formuliere eine Frage oder ein Problem.

Welche Frage ergibt sich aus deinen Erfahrungen und Beobachtungen?

Bei der Untersuchung der Bedingungen, unter denen in einer Spule eine Induktionsspannung induziert wird, stellst du dir folgende Frage:
Wird in der Spule auch dann eine Spannung induziert, wenn der Magnet gedreht wird?

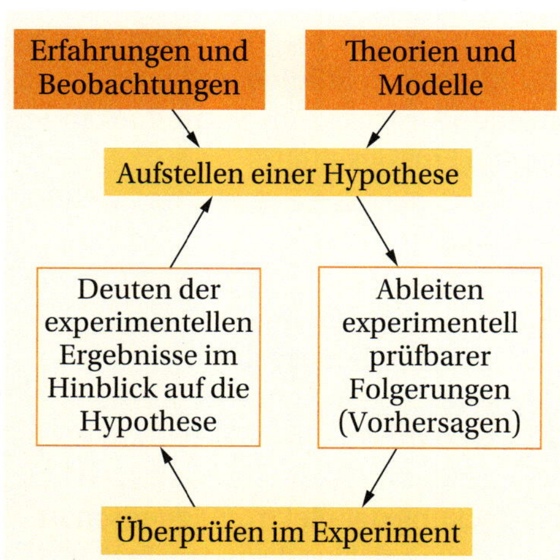

▪ Erläutere die experimentelle Methode.

▶ Schritt 2

Stelle eine begründete Vermutung auf. Diese wird Hypothese genannt.

Lass in deine Hypothese Theorien und Modelle einfließen, die dir bereits bekannt sind. Wenn du die Abhängigkeit einer Größe von mehreren anderen Größen vermutest, dann ändere immer nur eine Größe und lass die anderen konstant.

Nach dem Induktionsgesetz wird eine Spannung induziert, wenn sich das Magnetfeld ändert, das von der Spule umfasst wird. Das kann durch Drehungen des Magneten erreicht werden.

▶ Schritt 3

Leite experimentell prüfbare Folgerungen ab.

Wie kannst du die Hypothese experimentell überprüfen? Formuliere dazu Aussagen in folgender Form: Wenn ..., dann ...

Wenn ich den Magneten wie in der Abbildung vor der Spule um seine Achsen drehe, dann kann ich an den Enden der Spule eine Spannung messen.

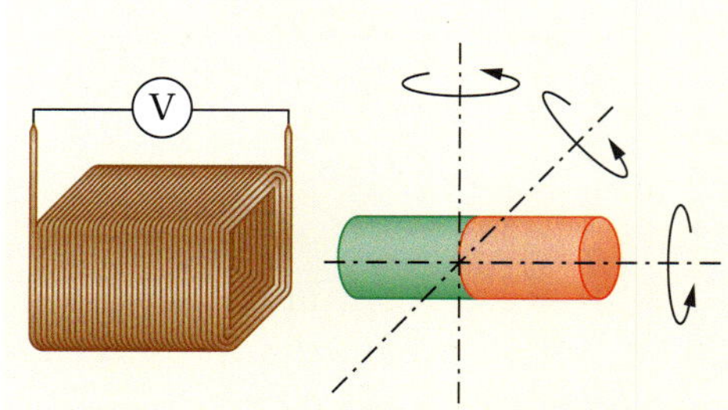

▶ Schritt 4

Überprüfe die Folgerungen in einem Experiment.

Arbeite nach deinem Plan. Halte die Ergebnisse in einem Protokoll fest und werte sie aus. Hinweise zur Anfertigung eines Protokoll erhältst du auf den Seiten 34 und 35.

Baue das Experiment wie in der Skizze auf der Seite 26 auf. Drehe den Magneten um die jeweiligen Achsen.

Im Zusammenhang mit der Hypothese ergeben sich folgende Beobachtungen:

- *Wenn der Magnet um seine Querachse gedreht wird, zeigt das Voltmeter eine Spannung an.*

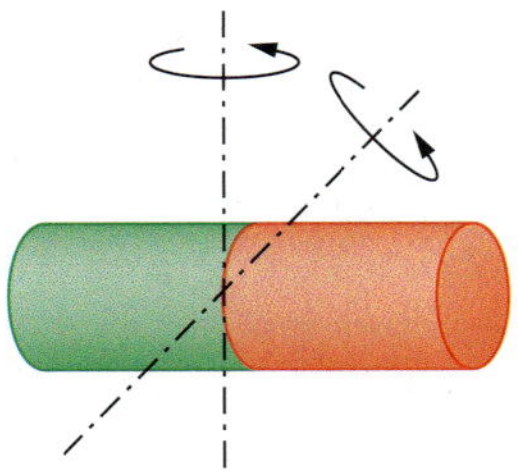

- *Wenn der Magnet um seine Längsachse gedreht wird, zeigt das Voltmeter keine Spannung an.*

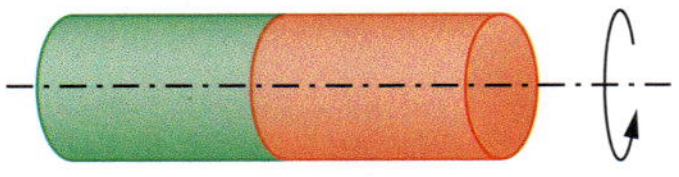

▶ Schritt 5

Vergleiche die Ergebnisse des Experiments mit der Hypothese.

Wenn die Ergebnisse mit den Folgerungen übereinstimmen, die aus der Hypothese abgeleitet wurden, dann ist der Wahrheitsgehalt der Hypothese groß.

Stimmen die Ergebnisse nicht überein, hat das Experiment die Hypothese widerlegt. Dafür reicht ein einziges Gegenbeispiel. Stelle eine neue Hypothese auf und prüfe sie.

Die Hypothese kann nicht bestätigt werden. Offensichtlich ändert sich das Magnetfeld nicht, das von der Spule umfasst wird, wenn der Magnet um seine Längsachse gedreht wird. In der Frage war nur allgemein von Drehung die Rede. Die Formulierung der Hypothese und der daraus abgeleiteten Folgerungen hätte die Drehung um die verschiedenen Achsen berücksichtigen müssen.

Es ist deshalb sinnvoll, bereits die Frage differenzierter zu stellen:
Wird in der Spule auch dann eine Spannung induziert, wenn der Magnet in unterschiedlicher Weise vor der Spule gedreht wird?

Die Schritte 2 bis 5 ergeben sich dann analog.

Damit hast du ein Beispiel dafür gefunden, unter welcher Bedingung **keine** Spannung in der Spule induziert wird.

Wende die Schritte der experimentellen Methode auf die Untersuchung folgender Frage an:
Wie ändert sich der Betrag der Induktionsspannung, wenn die Spule in der Anordnung auf der Seite 26 eine größere Windungszahl hat?

Das hast du gelernt

Strom aus dem Nichts?

Bei der elektromagnetischen Induktion wird mechanische Energie in elektrische Energie umgewandelt.

Die elektromagnetische Induktion wird in vielen Bereichen der Technik angewendet.

Induktionsgesetz:
In einer Spule wird eine Spannung induziert, wenn sich das Magnetfeld ändert, das von der Spule umfasst wird.

Änderung des Magnetfelds durch Änderung der Stromstärke

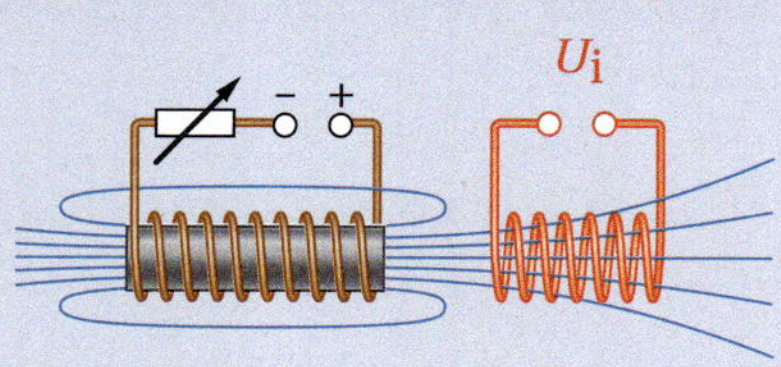

Änderung des Magnetfelds durch Relativbewegung

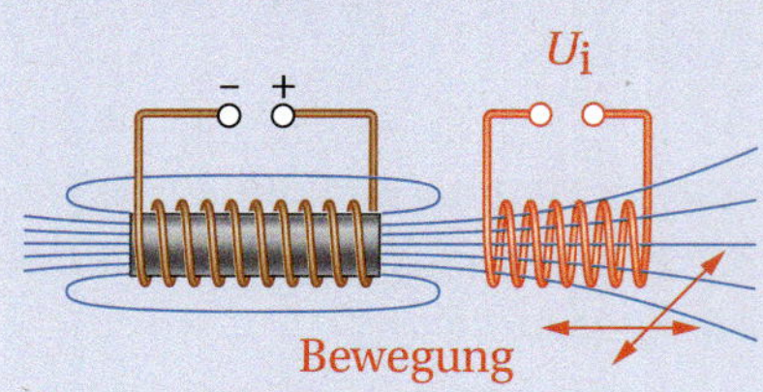

Die in einer Spule induzierte Spannung ist umso größer,
- je stärker sich das Magnetfeld in der Spule ändert,
- je schneller sich das Magnetfeld in der Spule ändert,
- je größer die Windungszahl der Spule ist.

Löse mit Köpfchen

1. Abhängigkeiten untersuchen

Untersuche experimentell, wovon die Induktionsspannung in einer Spule abhängig ist.

Durchführung:

Neben einer stromdurchflossenen Spule steht eine Induktionsspule.

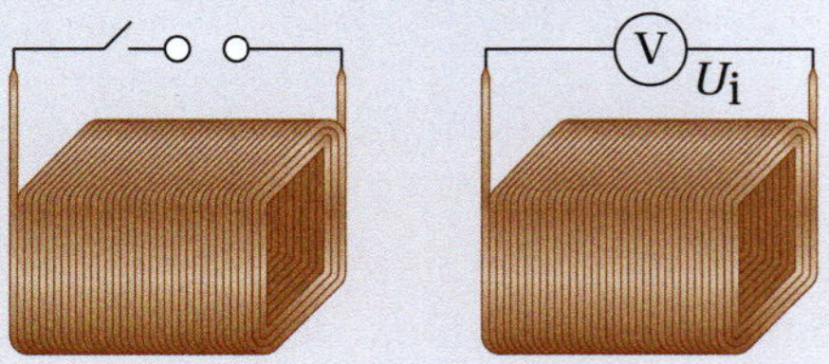

Verändere folgende Bedingungen:

a) Schließe bzw. öffne den Schalter.

b) Die Spulen stehen eng beieinander bzw. etwas weiter entfernt voneinander. Schließe bzw. öffne den Schalter.

c) Die Spulen sind durch einen Eisenkern miteinander verbunden. Schließe bzw. öffne den Schalter.

d) Verwende eine Induktionsspule mit anderer Windungszahl.

Auswertung:

Erfasse die Bedingungen und die Ergebnisse in einer Tabelle.

Formuliere ein Ergebnis.

2. Spule im Magnetfeld

Eine Spule wird in einem Magnetfeld wie in der Abbildung rechts oben bewegt.

a) Gib an, ob im Fall I bzw. II in der Spule eine Spannung induziert wird. Begründe deine Antwort.

b) Gib eine weitere Variante an, bei der eine Spannung induziert wird.

c) Gib eine weitere Variante an, bei der **keine** Spannung induziert wird.

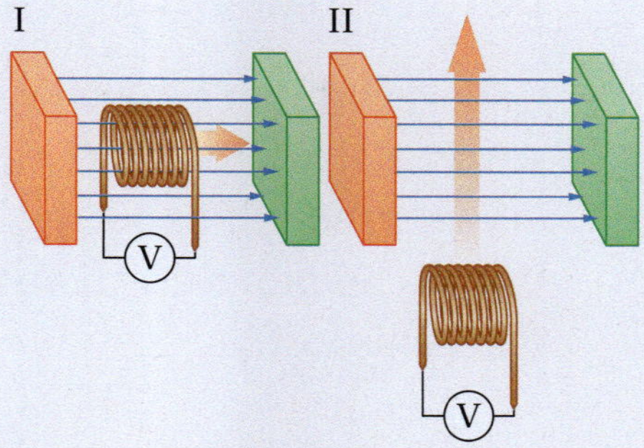

3. Dauermagnet in Spule

Gib für jeden der Fälle an, ob in der Spule eine elektrische Spannung induziert wird. Begründe deine Antwort.

a) Ein Dauermagnet wird aus einer Spule herausgezogen.

b) Ein Dauermagnet ruht in einer Spule.

c) Ein Dauermagnet wird in einer Spule um seine Längsachse gedreht.

d) Ein Dauermagnet wird in eine Spule hineinbewegt.

4. Zwei Spulen auf einem Kern

Zwei Spulen befinden sich wie in der Abbildung unten auf einem Eisenkern. Spule 1 wirkt als Elektromagnet.

Die Stärke seines Magnetfelds kann über einen regelbaren Widerstand geändert werden. Spule 2 ist die Induktionsspule.

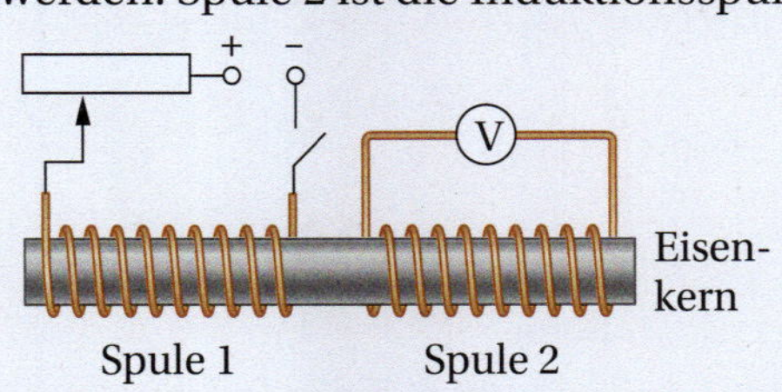

Beschreibe drei Möglichkeiten, wie mit dieser Anordnung in der Spule 2 eine Spannung induziert werden kann. Begründe deine Vorschläge. +

Energieversorgung

Der Wechselstromgenerator

Generatoren in einem Kraftwerk sehen viel komplizierter aus als ein Fahrraddynamo. Unterscheiden sie sich auch in der Funktion?

Auch die Lichtmaschine eines Pkw ist ein kleiner Wechselstromgenerator.

Ein Fahrraddynamo liefert bei einer Spannung von 6 V eine Leistung von maximal 3 W. Der oben abgebildete Generator für ein Kraftwerk liefert bei 20 000 V eine Leistung von ca. 1 000 MW. Beide Generatoren wandeln kinetische Energie in elektrische Energie um. Sie erzeugen aus einer Drehbewegung **Wechselstrom.**

Prinzipiell ist ein Generator wie ein Elektromotor aufgebaut (↗ S. 16). Er besteht aus einem feststehenden Teil, der das Magnetfeld erzeugt. Das ist der **Stator.** Bei kleinen Generatoren erzeugen Dauermagnete das Magnetfeld.

Bei großen Generatoren wird ein Elektromagnet verwendet, denn sein Magnetfeld ist viel stärker. Der Elektromagnet erhält seine Energie vom Generator selbst. Die Eisenkerne des Elektromagneten sind auch bei Stillstand des Generators immer etwas magnetisch.
Die Schleifringe ermöglichen einen kontinuierlichen Stromfluss.

Der rotierende Teil heißt **Rotor.** Du kannst ihn dir als eine Leiterschleife vorstellen. Wenn diese in einem Magnetfeld rotiert, entsteht nach dem Induktionsgesetz zwischen ihren Enden eine Spannung. Was passiert?

Prinzipieller Aufbau eines Wechselstromgenerators (links) und der Lichtmaschine eines Pkw (rechts): Finde in beiden Abbildungen Rotor, Stator und Schleifringe.

Durch die Rotation ändert sich das Magnetfeld, das die Leiterschleife umfasst, da sich ihre wirksame Fläche ändert. Die induzierte Spannung ist umso größer, je schneller sich die wirksame Fläche ändert.

Leiterschleife steht waagerecht: Die gesamte Fläche der Leiterschleife wird von Feldlinien durchsetzt (↗ Abb. a). Die wirksame Fläche ist am größten, aber die Änderung bei Drehung minimal.

Leiterschleife dreht sich: Der Anteil des Magnetfelds, der die Leiterschleife durchsetzt, verringert sich. Die Anzahl der Feldlinien, die durch diese Fläche hindurchtritt, wird kleiner (↗ Abb. b).

Leiterschleife steht senkrecht: Es treten keine Feldlinien durch die Fläche der Leiterschleife hindurch. Die wirksame Fläche ist null, aber die Änderung bei Drehung ist maximal (↗ Abb. c).

Die Spannung nimmt also von a nach c zu und danach wieder ab. Da während einer vollständigen Drehung die Polarität der Spannung ständig wechselt, entsteht eine **Wechselspannung** (↗ S. 37).

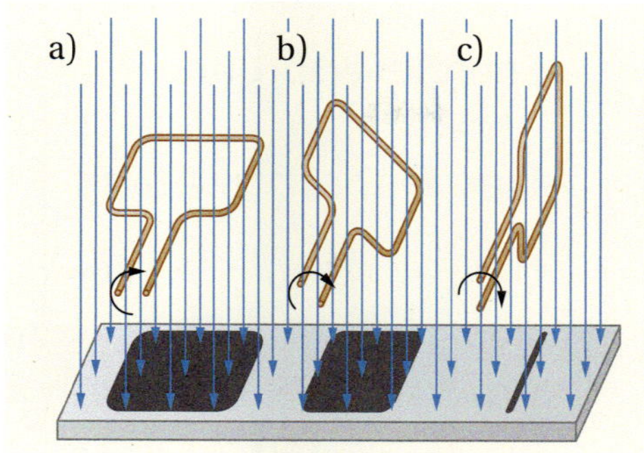

In welcher Stellung wird die Leiterschleife von den meisten Feldlinien durchsetzt?

Die Projektion zeigt die jeweils wirksame Fläche der Leiterschleife (dunkelgrau) während der Drehbewegung.

Bei $t = 0$ oder $t = \frac{1}{2}\,T$ ändert sich bei sehr kleiner Drehung der Leiterschleife das Magnetfeld nicht. Demzufolge ist $U_i = 0$.

Bei $t = \frac{1}{4}\,T$ oder $t = \frac{3}{4}\,T$ führt eine geringfügige Drehung der Leiterschleife zu einer erheblichen Änderung des Magnetfelds, das von ihr umfasst wird. U_i hat den größten Betrag.

Nach einer vollständigen Umdrehung beginnt der Vorgang von Neuem. Es entsteht eine Spannung, die einen sinusförmigen Verlauf hat, vorausgesetzt die Leiterschleife rotiert gleichförmig.

Wechselspannungen werden oft durch ein kleines ~ gekennzeichnet.

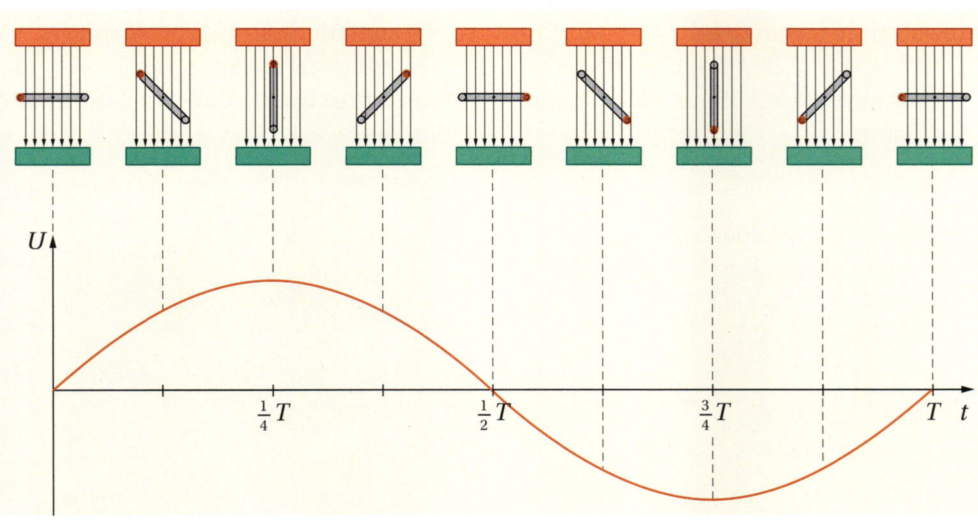

Induktion einer Wechselspannung bei einer vollständigen Umdrehung: Vergleiche die Stellung der Leiterschleife mit der induzierten Spannung im $U(t)$-Diagramm.

T ist die Zeit für eine vollständige Umdrehung der Leiterschleife.

Energieversorgung

Der Transformator

Um den Akku eines Handys zu laden, sind in der Regel 5 V erforderlich. Das Netzteil wird jedoch an 230 V angeschlossen. Wie gelingt das Absenken der Spannung?

Moderne Steckernetzteile sind Schaltnetzteile (↗ S. 41).

Im Netzteil des Handys befindet sich ein **Transformator,** der elektrische Spannungen umwandelt. Ein Transformator, kurz „Trafo" genannt, besteht aus zwei Spulen. Sie befinden sich auf einem geschlossenen Eisenkern. Die Spulen haben keine elektrische Verbindung.

„Primus" (lat.) bedeutet „das Erste" und „secundus" (lat.) „das Zweite".

An die **Primärspule** wird Wechselspannung angelegt. Sie erzeugt in der Spule ein Magnetfeld, das ständig wechselt. Über den geschlossenen Eisenkern wird das magnetische Wechselfeld in die **Sekundärspule** übertragen.

- Beschreibe den Aufbau eines Transformators.

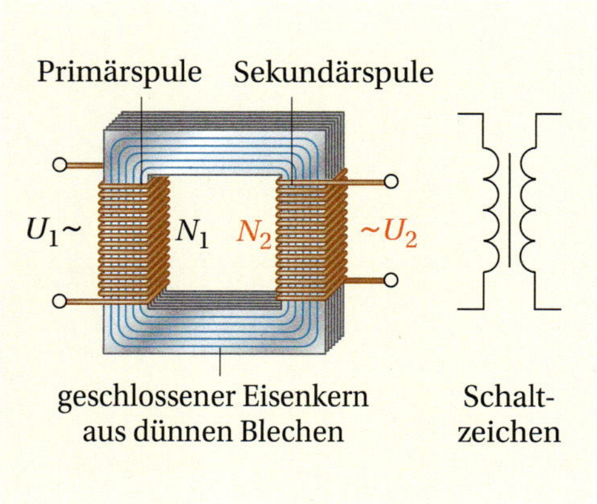

Die Sekundärspule umfasst nun ein Magnetfeld, das sich ständig ändert. Dadurch wird in der Sekundärspule eine Wechselspannung induziert.
Ein Transformator funktioniert nur, wenn Wechselspannung anliegt. Bei Gleichspannung ändert sich das Magnetfeld nach dem Einschalten nicht mehr. Damit fehlt die Voraussetzung für das Induzieren einer Spannung.
Der Stromkreis, in dem sich die Primärspule mit N_1 befindet, heißt Primärstromkreis. Im Sekundärstromkreis befindet sich die Sekundärspule mit N_2.

- Wie kannst du mit dem Transformator den Betrag von U_2 verändern?

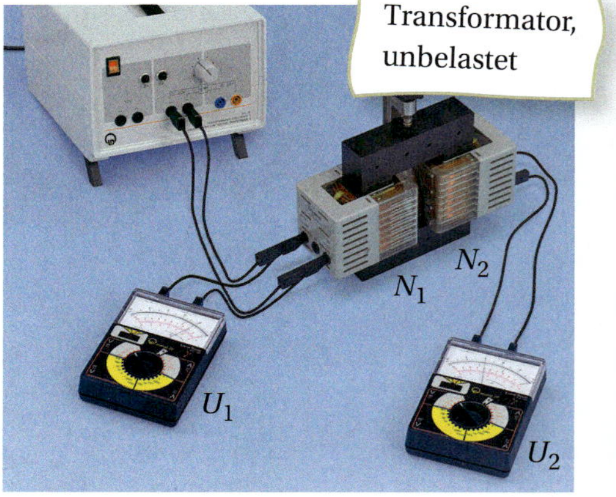

Unbelasteter Transformator: Wenn an die Sekundärspule kein Verbraucher angeschlossen wird, so fließt kein Sekundärstrom. Der Transformator befindet sich im Leerlauf. Er wird nicht belastet.

Belasteter Transformator: Wenn ein Verbraucher in den Sekundärkreis geschaltet wird, so fließt ein Sekundärstrom. Der Transformator wird belastet. Die Belastung ist umso größer, je größer die Sekundärstromstärke ist. Am größten ist sie, wenn beide Enden der Sekundärspule direkt miteinander verbunden sind. Dann liegt ein **Kurzschluss** vor, der einen gewöhnlichen Transformator nach kurzer Zeit zerstört.
Ein Transformator wandelt elektrische Energie des Primärkreises in elektrische Energie des Sekundärkreises um. Dabei entstehen im Eisenkern Wirbelströme, die ihn erwärmen. Ein Teil der elektrischen Energie wird in thermische Energie umgewandelt.

Idealer Transformator: Dieser Transformator ist ein Modell. Nur im Idealfall wird die gesamte elektrische Energie des Primärkreises in elektrische Energie des Sekundärkreises umgewandelt. Aber gute Transformatoren erreichen bereits einen Wirkungsgrad von 99 %.

Transformator, belastet

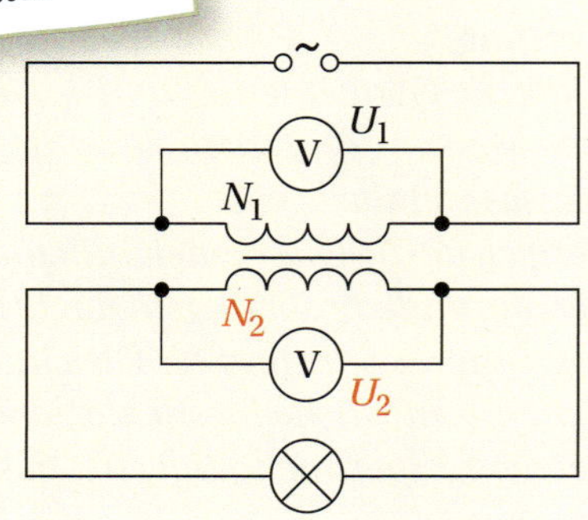

Für einen unbelasteten idealen Transformator gilt das **Gesetz für die Spannungsübersetzung.**

> Die Spannungen verhalten sich wie die Windungszahlen zueinander.
>
> $$\frac{U_1}{U_2} = \frac{N_1}{N_2}$$

U_1, U_2 Spannungen
N_1, N_2 Windungszahlen

Dieses Gesetz gilt sowohl für einen unbelasteten Transformator als auch für einen belasteten idealen Transformator.

Bei einem belasteten Transformator fließt Strom. Es gilt das **Gesetz für die Stromstärkeübersetzung.**

> Die Stromstärken verhalten sich umgekehrt wie die Windungszahlen zueinander. $\frac{I_1}{I_2} = \frac{N_2}{N_1}$

I_1, I_2 Stromstärken
N_1, N_2 Windungszahlen

Mit einem Transformator können sehr hohe Wechselspannungen oder sehr hohe Wechselströme erzeugt werden.

Aufgaben

1 _ Begründe, warum der Transformator in der Abbildung links ein belasteter und auf der Seite 32 ein unbelasteter Transformator ist.

2 _ Berechne die Sekundärwindungszahl eines Netzteils für ein Handy. Die Primärspannung beträgt 230 V. Die Primärspule hat 4 600 Windungen. Die Sekundärspannung soll 5 V betragen.

3 _ Warum dürfen bei einem Transformator auf keinen Fall Primär- und Sekundärspule vertauscht werden?

So kannst du vorgehen

Anfertigen eines Protokolls

Mit einem **Protokoll** dokumentierst du ein Experiment. Jemand, der dein Experiment nicht kennt, muss es mit deinem Protokoll genauso wie du wiederholen können.
Für dich dient das Protokoll als Gedächtnisstütze und sichert deine Ergebnisse. Es ist zweckmäßig, beim Protokollieren folgende Schritte zu berücksichtigen:

▶ Schritt 1

Übernimm die Aufgabenstellung.

Untersuche an einem Transformator den Zusammenhang zwischen den Spannungen und den Windungszahlen der Spulen. Fertige ein Protokoll an.

Das Musterprotokoll für dieses Experiment findest du auf der gegenüberliegenden Seite.

▶ Schritt 2

Dokumentiere die Vorbereitung.

Notiere die Geräte und Materialien, die du verwendest. Beantworte die Fragen zur Vorbereitung. Übernimm die Messwertetabelle, wenn sie vorgegeben ist, oder entwickle selbst eine.

Vorbereitung:
- a) *Skizziere einen Transformator und beschrifte ihn mit Primärspule, Sekundärspule und Eisenkern.*
- b) *Zeichne einen Schaltplan für den Versuchsaufbau auf der Seite 32 rechts unten. Bereite eine Messwertetabelle nach folgendem Muster vor:*

Nr.	N_1	N_2	U_1 in V	U_2 in V	$\frac{N_1}{N_2}$	$\frac{U_1}{U_2}$
1						
2						

▶ Schritt 3

Beschreibe die Durchführung.

Führe das Experiment durch. Trage die Messwerte in die Messwertetabelle ein. Notiere deine Beobachtungen. Fertige gegebenenfalls Skizzen an.

Durchführung:
- a) *Baue den Versuch auf. Lass ihn von deiner Lehrkraft kontrollieren, bevor du die Spannungsquelle einschaltest.*
- b) *Wähle fünf verschiedene Kombinationen für die Windungszahlen N_1 und N_2. Berücksichtige die Fälle $N_1 < N_2$, $N_1 = N_2$ und $N_1 > N_2$.*
- c) *Miss die Spannungen U_1 und U_2 für alle fünf Kombinationen. Verwende als Primärspannung $U_1 = 10$ V.*
- d) *Wiederhole die Messungen bei einer Wechselspannung von 6 V.*

▶ Schritt 4

Werte das Protokoll aus.

Beantworte die Fragen in der Aufgabenstellung. Deute deine Messergebnisse und Beobachtungen. Ziehe Schlüsse.
Berücksichtige bei der Auswertung mögliche Messfehler. Runde sinnvoll Messwerte und Ergebnisse von Berechnungen.

Auswertung:
- a) *Bilde die Quotienten $\frac{N_1}{N_2}$ und $\frac{U_1}{U_2}$ für jede Messung und trage sie in die Messwertetabelle ein.*
- b) *Vergleiche die Quotienten miteinander. Formuliere ein allgemeingültiges Ergebnis als Satz und als Gleichung.*
- c) *Benenne mögliche Messfehler, die bei dem Experiment aufgetreten sein können.*

Protokoll eines Experiments

Name: Tobias Musterschüler **Klasse:** 10 b **Datum:** 15.10. …

Aufgabe: Untersuche an einem Transformator den Zusammenhang zwischen den Spannungen und den Windungszahlen der Spulen.

Vorbereitung:

a) Aufbau eines Transformators

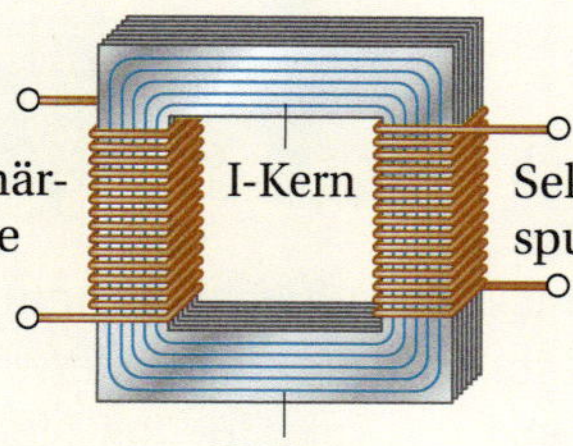

b) Schaltplan

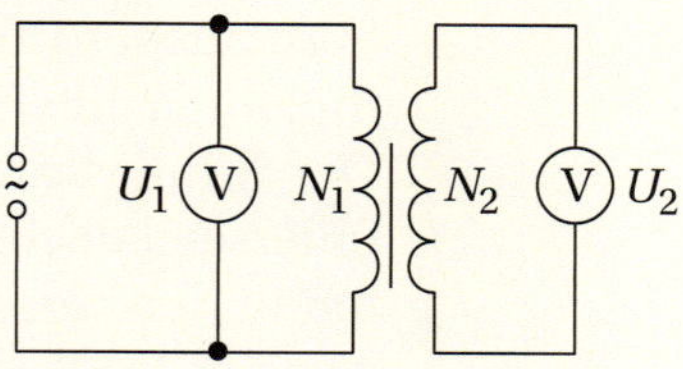

Geräte und Materialien: Transformatorspulen mit 250, 500, 750 und 1 000 Windungen, 2 Eisenkerne (U-Kern und I-Kern), 2 Messgeräte, 6 Experimentierkabel, 1 Stromversorgungsgerät

Durchführung:

Messwertetabelle für $U_1 = 10$ V:

Nr.	N_1	N_2	U_1 in V	U_2 in V	$\frac{N_1}{N_2}$	$\frac{U_1}{U_2}$
1	250	500	*9,8*	*17,8*	*0,5*	*0,6*
2	500	1 000	*9,8*	*18,1*	*0,5*	*0,5*
3	500	500	*9,9*	*9,8*	*1,0*	*1,0*
4	750	500	*9,9*	*6,5*	*1,5*	*1,5*
5	500	250	*9,8*	*4,6*	*2,0*	*2,1*

Messwertetabelle für $U_1 = 6$ V:

Nr.	N_1	N_2	U_1 in V	U_2 in V	$\frac{N_1}{N_2}$	$\frac{U_1}{U_2}$
1	250	500	*5,8*	*11,5*	*0,5*	*0,4*
2	500	1 000	*5,8*	*11,6*	*0,5*	*0,5*
3	500	500	*5,9*	*5,8*	*1,0*	*1,0*
4	750	500	*5,9*	*4,2*	*1,5*	*1,4*
5	500	250	*5,8*	*3,0*	*2,0*	*1,9*

Beobachtung:

Der Transformator hat sich während der Messungen erwärmt.

Auswertung:

Bei Berücksichtigung von Messfehlern und Rundungsregeln ist Folgendes festzustellen:

Der Quotient der Windungszahlen von Primärspule und Sekundärspule ist gleich dem Quotienten der zugehörigen Spannungen: $\frac{N_1}{N_2} = \frac{U_1}{U_2}$

Das gilt unabhängig von dem Betrag der Spannung, die an der Primärspule anliegt.

Messfehler treten vor allem durch die Umwandlung elektrischer Energie in thermische Energie auf. Der Transformator erwärmt sich. Die Messfehler der Messgeräte sind relativ klein.

Wusstest du schon …

Stromverbundnetze

Ein Kraftwerk liegt nicht direkt vor der Haustür. Wie gelangt elektrische Energie verlustarm zum Verbraucher?
Um eine stabile Versorgung von Haushalten und Wirtschaft mit elektrischer Energie zu sichern, sind Kraftwerke und Verbraucher in Stromverbundsystemen in Europa miteinander verbunden.
Der Stromverbund macht es möglich, unterschiedliche Spitzenbelastungszeiten in den verschiedenen Ländern auszugleichen. Das garantiert eine stabile Energieversorgung aller Verbraucher. Der Betrieb der Kraftwerke bleibt insgesamt nahezu gleich.

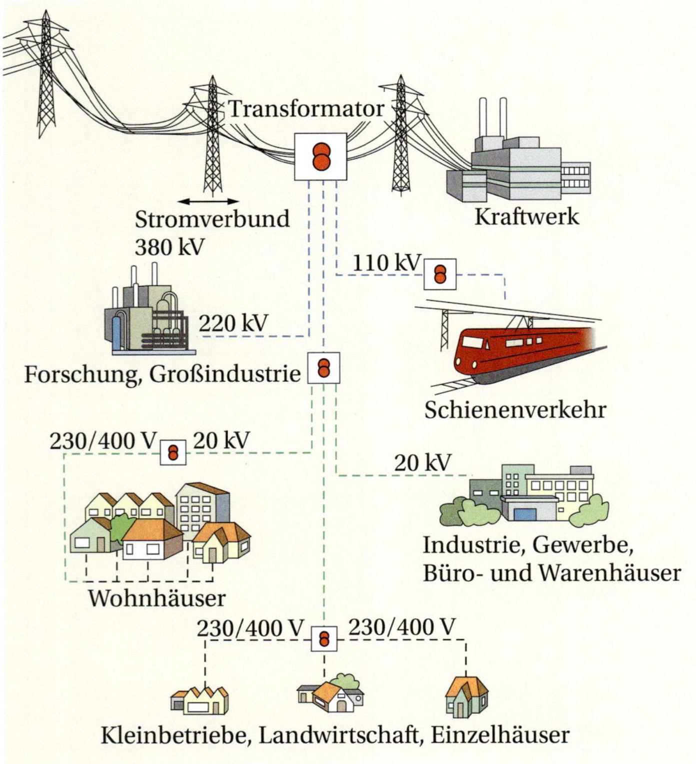

Hochspannungstransformator in einem Kraftwerk

Kraftwerksgeneratoren liefern Spannungen von etwa 20 kV. Würden diese direkt in das Netz eingespeist werden, dann hätte man in den Leitungen eine Stromstärke von rund 50 000 A. Selbst auf mehrere Leitungen verteilt, würden sich diese stark erwärmen. Wertvolle elektrische Energie ginge verloren.

Um die Energieverluste durch Wärmeabgabe zu verringern, wird die Spannung bereits am Kraftwerk mit Transformatoren auf bis zu 380 kV erhöht. Bei gleicher Leistung verringert sich dadurch die Stromstärke in den Hochspannungsleitungen auf etwa 2 600 A. Es gibt auch Leitungen mit Spannungen von 220 und 110 kV.

In der Nähe der Verbraucher wird die Hochspannung in Umspannwerken wieder auf 20 kV heruntertransformiert. Vor dem Verteilen der Spannung an Haushalte und andere Verbraucher wird sie in Transformatorenstationen auf 230 bzw. 400 V umgewandelt.

- Wiederhole, wie Leistung, Spannung und Stromstärke zusammenhängen.

Wusstest du schon …

Gleichspannung und Wechselspannung, Gleichstrom und Wechselstrom

Batterien und Akkumulatoren liefern **Gleichspannung,** die **Gleichstrom** hervorrufen.
Die Spannung, die du im Haushalt nutzt, wird in Kraftwerken erzeugt und ist eine **Wechselspannung,** die einen **Wechselstrom** bewirkt. Polarität und Betrag dieser Wechselspannung bzw. des Wechselstroms ändern sich zeitlich periodisch.

Netzwechselspannung und Netzwechselstromstärke haben einen sinusförmigen Verlauf. Die Frequenz der Netzwechselspannung beträgt in Deutschland 50 Hz. Die Deutsche Bahn arbeitet mit $16\frac{2}{3}$ Hz.
Messinstrumente zeigen nicht die Maximalwerte U_{max} bzw. I_{max} an, sondern die Effektivwerte U bzw. I.

Der Effektivwert unserer Netzspannung beträgt 230 V, der Maximalwert dagegen 325 V.
Eine Gleichspannung ruft die gleiche Wirkung hervor wie eine Wechselspannung, deren Effektivwert denselben Betrag hat. Es ist deshalb üblich, bei Wechselstromgrößen nur die Effektivwerte anzugeben.
Zwischen Maximal- und Effektivwerten von **sinusförmigem Wechselstrom** gibt es mathematische Zusammenhänge:

$$U = \frac{U_{max}}{\sqrt{2}} \approx 0{,}7 \cdot U_{max} \quad \text{bzw.} \quad U_{max} = \sqrt{2} \cdot U$$

$$I = \frac{I_{max}}{\sqrt{2}} \approx 0{,}7 \cdot I_{max} \quad \text{bzw.} \quad I_{max} = \sqrt{2} \cdot I$$

Spannungen und Ströme, die an einem Fahrraddynamo entstehen, sind nur näherungsweise sinusförmig.

Entsprechendes gilt für Wechselstromstärke und Gleichstromstärke.

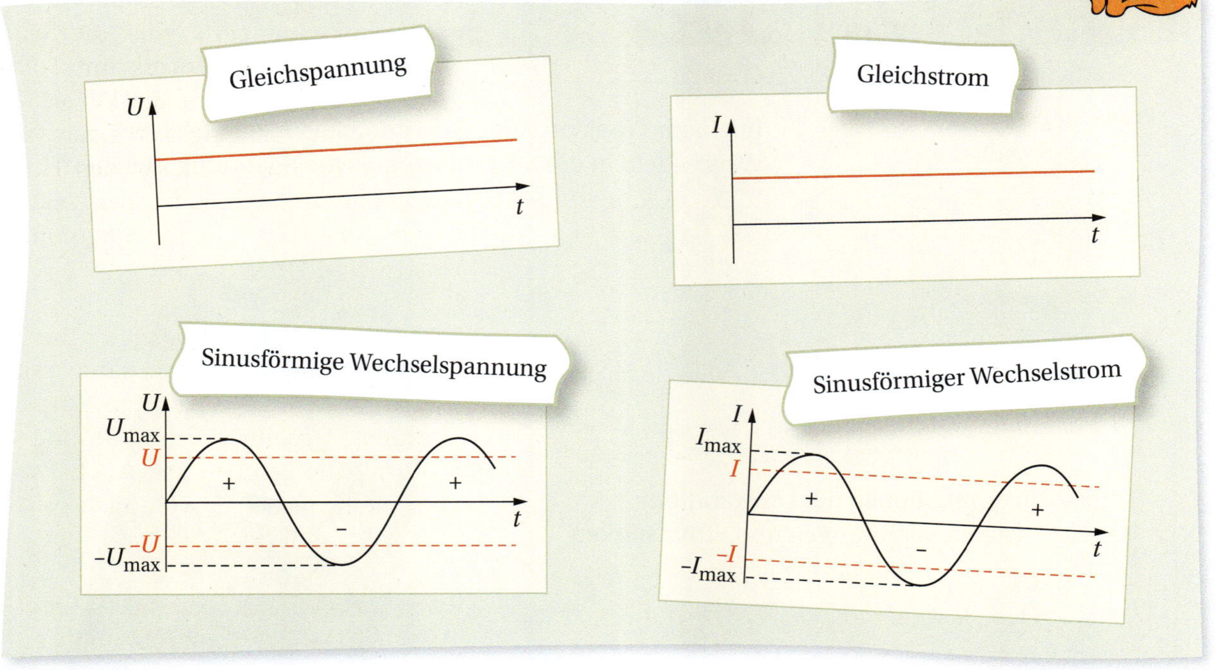

Das hast du gelernt

Energieversorgung

Generatoren nutzen die elektromagnetische Induktion, um kinetische Energie in elektrische Energie umzuwandeln. Sie haben den gleichen prinzipiellen Aufbau wie **Elektromotoren.**

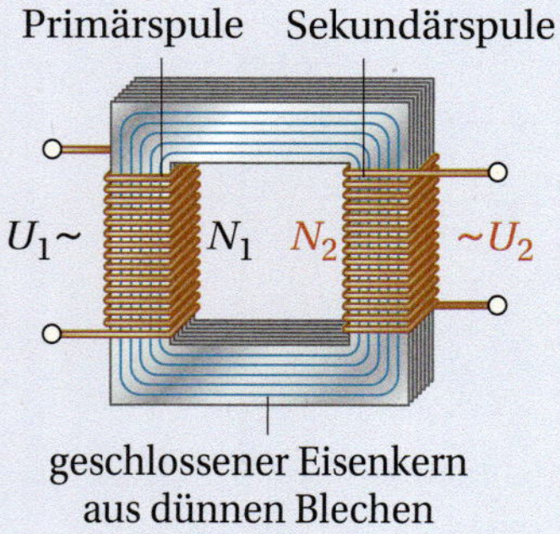

In einem Transformator wird durch ein magnetisches Wechselfeld in der Sekundärspule eine Spannung induziert.

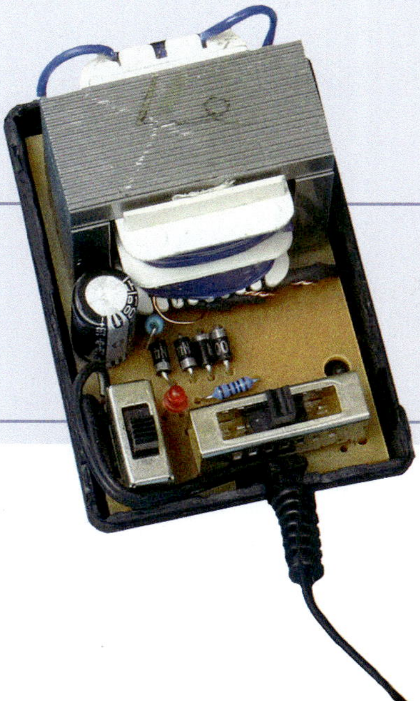

Transformatoren dienen der Umwandlung von elektrischen Spannungen und Stromstärken.
Es gilt: $\frac{U_1}{U_2} = \frac{N_1}{N_2}$ und $\frac{I_1}{I_2} = \frac{N_2}{N_1}$

Löse mit Köpfchen

1. Nutzbremsung

Bei Schienenfahrzeugen wie Straßenbahnen, die mit einem Elektromotor angetrieben werden, kann zum Bremsen der Motor umgeschaltet und als Generator betrieben werden. Er gibt dann elektrische Energie über die Oberleitung an das Netz ab.

a) Beschreibe die Energieumwandlung bei diesem Bremsvorgang.
b) Erkläre, warum man mit einer solchen Umschaltung das Fahrzeug bremsen kann. Wende den Energieerhaltungssatz an.
c) Eine solche Bremsung heißt „Nutzbremsung“. Warum?

2. Energieerhaltung nach Lenz

Erläutere deinem Sitznachbarn, warum das lenzsche Gesetz ein Sonderfall des Energieerhaltungssatzes ist.

3. Energie im Netz

Deutschland ist mit einem Netz von Hochspannungsleitungen überzogen.

a) Erkläre, warum Energie mit hohen Spannungen übertragen wird.
b) Erläutere weitere Aufgaben eines solchen Netzes.
c) Begründe, warum für dieses Netz Transformatoren notwendig sind.

4. Das tut weh

Für einen elektrischen Insektenvernichter ist eine Spannung von etwa 5 000 V notwendig. Er wird an die Netzwechselspannung von 230 V angeschlossen.
Berechne die Windungszahl der Sekundärspule, wenn die Primärspule 1 000 Windungen hat.

5. Gefährliches Netzteil

Begründe, warum bei einem Handynetzteil Primär- und Sekundärspule sorgfältig gegeneinander isoliert sein müssen.

6. Schmelzen mit Transformatoren?

Die Sekundärspule des Transformators in der Abbildung hat nur eine Windung. Diese ist ein Schmelztiegel.
Erkläre die Funktionsweise dieses Transformators.

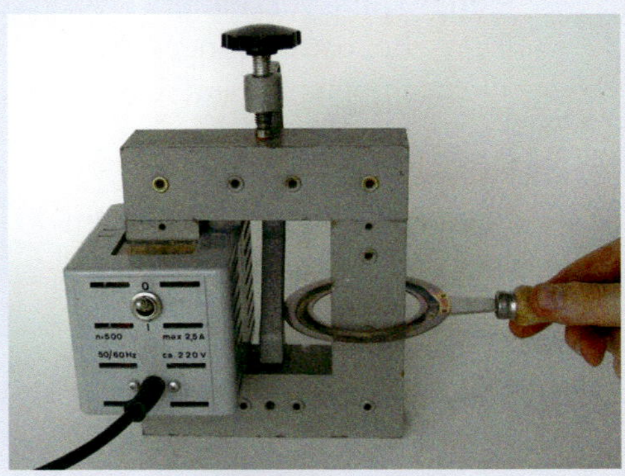

7. Trafo für Modelleisenbahn

Für eine elektrische Modelleisenbahn wird eine Spannung bis 12 V benötigt.
Gib einige Kombinationen von Spulen an, mit denen diese Spannung durch einen Transformator aus der Netzspannung gewonnen werden kann.

Teste dich selbst

Wähle aus.

1 Ein Kompass dient zur Bestimmung der Himmelsrichtungen. Der Nordpol einer Kompassnadel zeigt
- A in Richtung des geografischen Südpols der Erde,
- B in Richtung des geografischen Nordpols der Erde,
- C in Richtung des magnetischen Südpols der Erde.

2 Für die Wirkung des elektrischen Stroms gilt:
- A Stromdurchflossene Leiter sind von einem Magnetfeld umgeben.
- B Einer stromdurchflossenen Spule kann ähnlich wie einem Stabmagneten ein Nord- und ein Südpol zugeordnet werden.
- C Ein Elektromagnet wird stärker, wenn man die Windungszahl seiner Spule verkleinert.
- D Typische Anwendungen von Elektromagneten sind Lasthebemagnet und Elektromotor.

3 Wichtige Teile eines Gleichstrommotors sind:
- A Rotor
- B Stator
- C Induktor
- D Kommutator

4 Ein Wechselstromgenerator wandelt
- A kinetische Energie in elektrische Energie um.
- B potenzielle Energie in elektrische Energie um.
- C thermische Energie in elektrische Energie um.

5 Spulen werden in einem Magnetfeld so bewegt, wie es in den Skizzen dargestellt ist.

(1) (2) (3)

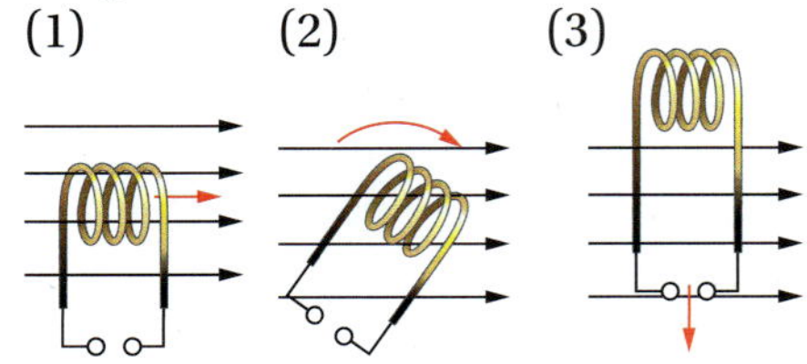

Dann gilt für die dargestellten Fälle:
- A In allen drei Fällen wird eine Spannung induziert, weil sich die Spule bewegt.
- B Es wird nur bei (2) eine Spannung induziert.
- C Es wird bei (2) und (3) eine Spannung induziert.

6 Bei einem Transformator, der die elektrische Spannung von 230 auf 23 V verringert, verhalten sich die Windungszahlen von Primärspule zu Sekundärspule wie:
- A 1 zu 230
- B 230 zu 1
- C 10 zu 1
- D 1 zu 10
- E 23 zu 230

7 Mit einem Transformator soll eine möglichst große Spannung erzeugt werden. Dazu ist erforderlich:
- A Die Windungszahl der Sekundärspule ist wesentlich kleiner als die der Primärspule.
- B Die Windungszahl der Sekundärspule ist wesentlich größer als die der Primärspule.
- C Die Windungszahl beider Spulen ist gleich groß.

Beantworte ausführlich.

1 Zeichne das Energieflussdiagramm für einen Wechselstromgenerator. Erläutere an diesem Beispiel Energieerhaltung und Energieentwertung.

2 Skizziere und beschrifte einen Transformator, der die Spannung halbiert.

3 Berechne die Sekundärwindungszahl des Netzteils für ein Handy. Die Primärspannung beträgt 230 V. Die Primärspule hat 9 200 Windungen. Die Sekundärspannung soll 5 V betragen.

4 Die Abmessungen von Steckernetzteilen, z. B. Ladegeräten für Handys und Laptops, werden immer kleiner. Sie verwenden Schaltnetzteile, in denen ein Transformator mit einer wesentlich höheren Frequenz als der Netzfrequenz betrieben wird.
a) Recherchiere im Internet den prinzipiellen Aufbau eines Schaltnetzteils. +
b) In welchen Einsatzbereichen sind Netzteile anzutreffen?

5 In einem Induktionsofen wie in der Abbildung oben rechts werden massive oder kompliziert geformte Werkstücke unter Nutzung der elektromagnetischen Induktion gehärtet.
a) Recherchiere im Internet, was man unter „Induktionshärten“ versteht.

b) Wie funktioniert eine Anlage zum Induktionshärten?
Nutze die Seite 18, „So kannst du vorgehen“.

6 Beschreibe den Weg der elektrischen Energie in einem Stromverbundnetz. Nutze die Seite 36.

7 Warum wird die Spannung für die Fernübertragung der elektrischen Energie – trotz Lebensgefahr – hochtransformiert?

2 Grundlagen der Informationsübertragung

1 **Macht Lärm krank?**
Viele Menschen leben an stark befahrenen Straßen oder Eisenbahnstrecken.
Welche Probleme sind damit verbunden?
Gibt es Möglichkeiten, Lärm zu verringern?

2 **Informationen aus dem All**
Eines der größten beweglichen Radioteleskope, das immerhin einen Durchmesser von 100 m hat, steht in Effelsberg. Recherchiere, welche Informationen über kosmische Objekte mit Radiowellen übertragen werden.

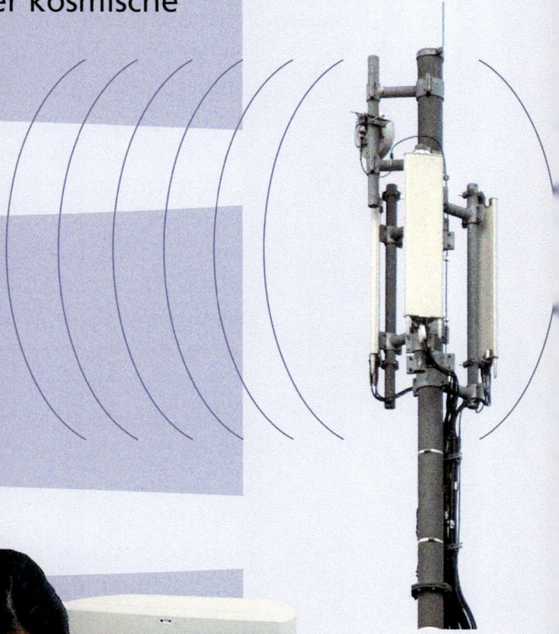

3 **Im Funkloch**
Du hast sicher schon verärgert festgestellt, dass du nicht überall gleich gut telefonieren kannst. Woran könnte das liegen? Überprüfe deine Vermutungen.

4 **Junge oder Mädchen?**
Die moderne Technik macht es möglich: Schon vor der Geburt wissen Eltern dank Ultraschall Bescheid. Was ist Ultraschall?

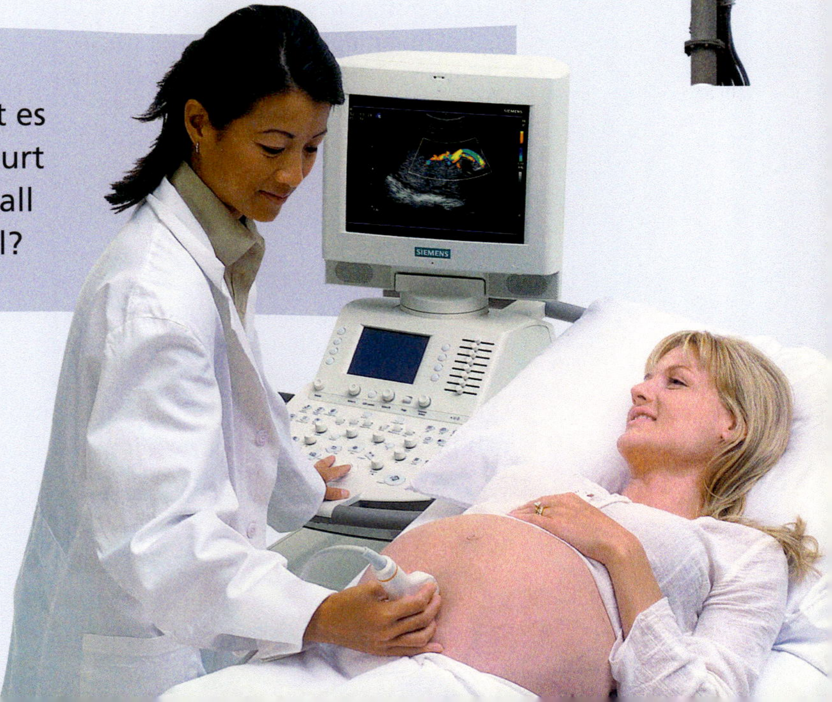

Der Ton macht die Musik

Mechanische Schwingungen

Wie entstehen Töne bei einem Instrument?

Mit unseren Ohren nehmen wir Geräusche, Sprache, Musik, aber auch unangenehmen Lärm wahr.

> Alles, was Lebewesen mit ihrem Gehör wahrnehmen können, wird als Schall bezeichnet.

Schall lässt sich auf unterschiedliche Art und Weise erzeugen:

- Bei Zupf- und Streichinstrumenten wie Gitarre, Geige oder Klavier werden Saiten in Schwingungen versetzt.
- Bei Blasinstrumenten wie Trompete, Saxofon oder Flöte schwingen Luftsäulen.
- Bei der menschlichen Stimme schwingen die Stimmbänder, wenn Luft aus der Lunge kommt und durch die Stimmritze hindurchtritt.
- Quelle der Geräusche aus einem Lautsprecher ist die Lautsprechermembran, die hin- und herschwingt.

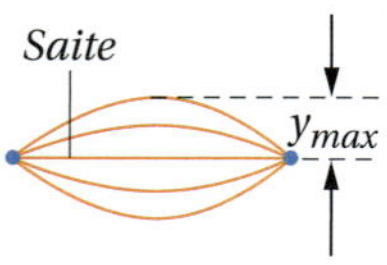

Alle Vorgänge haben etwas Gemeinsames: Körper, z. B. Saiten, bewegen sich zeitlich periodisch um eine Ruhelage. Das kennst du bereits aus dem bisherigen Physikunterricht. Dabei ändern sich physikalische Größen, wie der Abstand des Körpers von der Ruhelage oder seine Geschwindigkeit.
Die Körper werden durch ihre schnellen Schwingungen zu **Schallquellen.**

Aufgaben

1 Klemme einen Grashalm zwischen die Daumen der beiden Hände und blase in den entstandenen Hohlraum. Was beobachtest du? Beschreibe, wie diese Schallquelle funktioniert.

2 Stelle eine Übersicht über Schallquellen in Natur und Technik zusammen. Gib auch jeweils an, was schwingt und dabei Schall erzeugt.

3 Das $y(t)$-Diagramm zeigt die Schwingungen einer Stimmgabel. Ermittle Amplitude, Periodendauer und Frequenz. Nutze Seite 45.

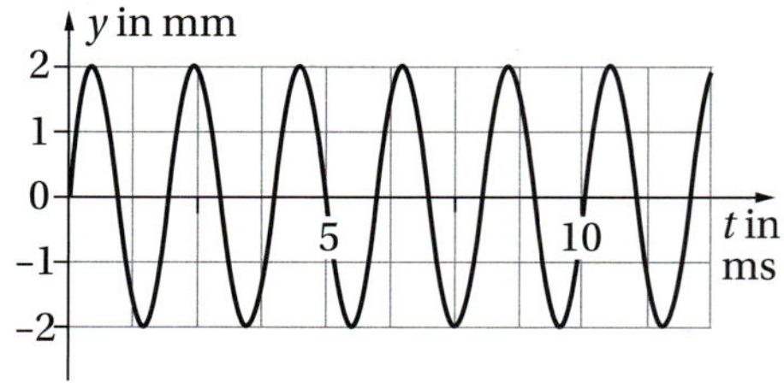

Mechanische Schwingungen

Schwingung
Eine Schwingung ist eine zeitlich periodische Änderung einer physikalischen Größe bzw. eines physikalischen Zustands.

Die Frequenz gibt an, wie viele Hin- und Herbewegungen je Sekunde ablaufen:
$f = \frac{1}{T}$ oder $f = \frac{n}{t}$

Voraussetzungen für das Entstehen einer mechanischen Schwingung:
- **Vorhandensein eines schwingungsfähigen Körpers, wobei jeder Körper träge ist,**
- Auslenkung dieses Körpers aus der Ruhelage durch Zufuhr von Energie,
- Wirkung einer rücktreibenden Kraft $F_{rück}$.

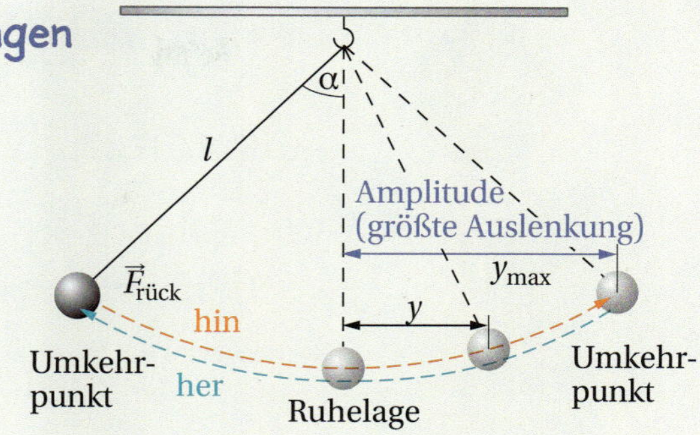

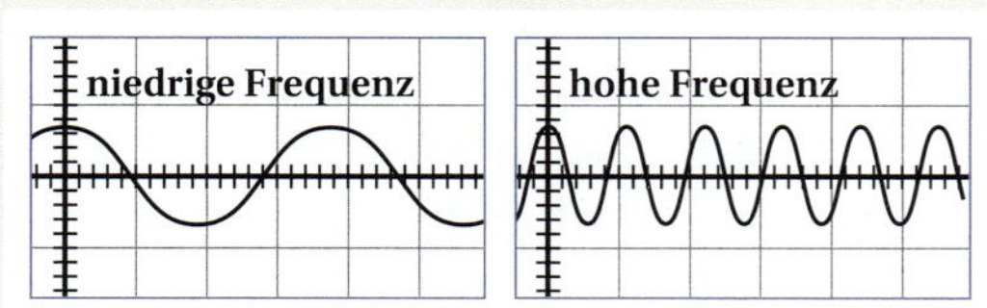

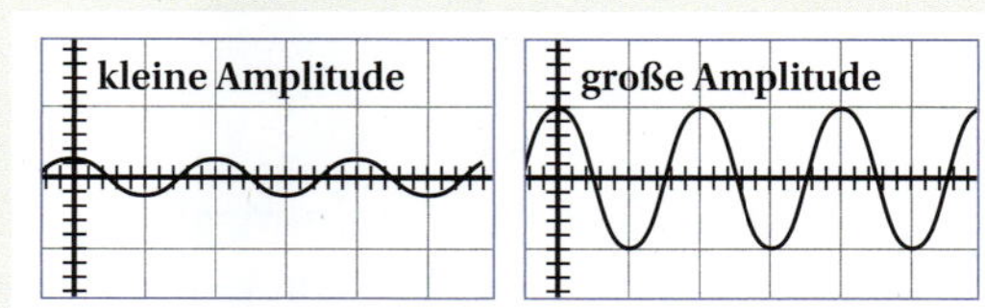

Schwingungen können **gedämpft** und **ungedämpft** verlaufen.

Wusstest du schon …

Schallerzeugung bei Tieren

Tiere miauen, brüllen, krähen, zwitschern oder zirpen. Einige erzeugen Schall, den wir nicht hören.

Säugetiere wie Hunde, Kühe oder Bären pressen die Luft aus den Lungen und erzeugen im Rachenraum Schwingungen. Die Lungen der Vögel sind mit kleinen Luftsäcken verbunden, in die sie Luft pressen. Die Luft strömt über eine gespannte Membran und bringt sie zum Schwingen. Grashüpfer erzeugen Geräusche, indem sie mit den Hinterbeinen über zahlreiche kleine Erhöhungen an den Vorderflügeln streichen.
Die unangenehmen Geräusche der Mücken kommen durch schnelles Hin- und Herschwingen der Flügel zustande.

Jede Tierart gibt charakteristische Laute von sich, durch die sie umgekehrt wieder bestimmt werden kann.

Der Ton macht die Musik

Ausbreitung von Schall

Wie gelangt Schall von einem Ort zum anderen?

Erforsche es

1. Schlage eine Stimmgabel an und halte sie in ein Gefäß mit Wasser. Beschreibe deine Beobachtung.

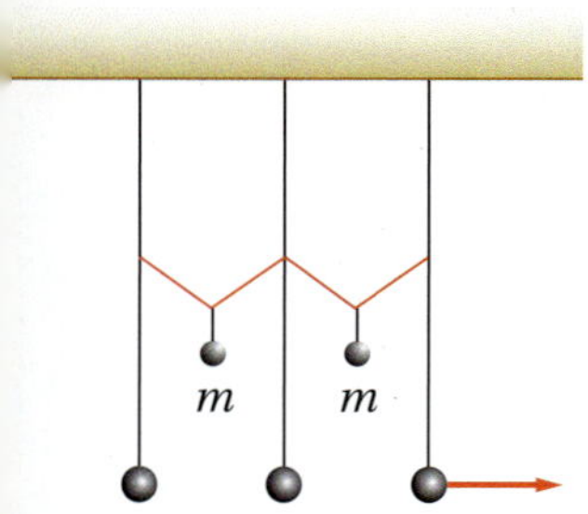

2. Untersuche gekoppelte Pendel. Lenke ein Pendel wie in der Abbildung links aus und bringe die Anordnung zum Schwingen. Verändere die Masse *m,* indem du nacheinander einen Körper mit größerer und kleinerer Masse für die Kopplung nutzt. Beschreibe deine Beobachtungen. Wie ändert sich die Kopplung mit der Masse?

3. Markiere eine Stelle an einem langen Seil und lege es auf den Boden. Bewege ein Ende des Seils mit der Hand schnell hin und her. Beschreibe die Bewegung der markierten Stelle.

4. Lasse einige Papierkugeln in einer Schüssel mit Wasser schwimmen. Tauche einen Finger langsam, dann immer schneller ins Wasser. Beschreibe die Bewegung der Kugeln.

Wenn du ein Tamburin anschlägst, dann überträgt seine Membran Energie auf Luftteilchen und regt sie zu Schwingungen an. Es entstehen Verdichtungen und Verdünnungen der Luft. Die Schwingung breitet sich im Raum aus. Solche Vorgänge heißen **Wellen.**

Eine Welle ist die Ausbreitung einer Schwingung im Raum.

Welle ist nicht gleich Welle. In Schallwellen schwingen die Luftteilchen, kurz Schwinger genannt, längs zur Ausbreitungsrichtung der Welle und geben die Energie an benachbarte Schwinger weiter. Schallwellen sind **Längswellen.**

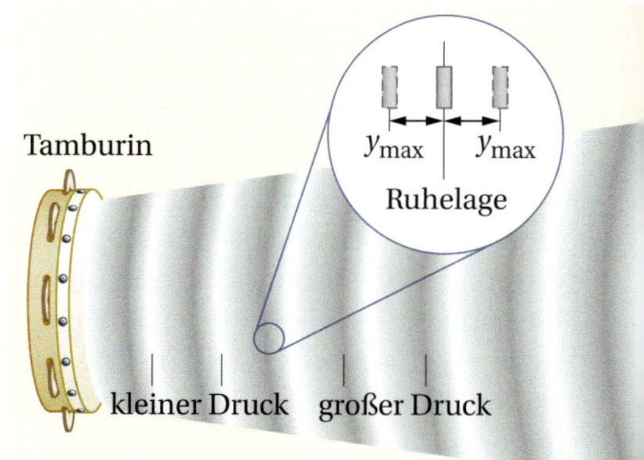

Im Unterschied dazu sind Seilwellen und Wasserwellen **Querwellen.** Die Schwinger schwingen quer zur Ausbreitungsrichtung.

Der Energietransport in einer Welle kommt durch die Kopplung der Schwinger zustande. Papierkügelchen auf einer Wasseroberfläche schwingen auf und ab. Die Energie erhalten sie von der Welle. Diese hat die Energie z. B. von einem Körper erhalten, der rhythmisch ins Wasser getaucht wird.

Mit der Welle wird aber kein Stoff transportiert. Wasser-, Seil- oder Luftteilchen bleiben an ihrem Platz.

> Mit einer Welle wird Energie, aber kein Stoff transportiert.

Die Momentaufnahme bei $t = 0$ einer Welle zeigt, dass sich eine Welle ebenso wie eine Schwingung mit einer Sinusfunktion beschreiben lässt. Wichtige physikalische Größen, die eine Welle kennzeichnen, findest du in der Übersicht rechts unten.

- Interpretiere das *y(s)*-Diagramm unten, das die Momentaufnahme einer Welle zeigt.

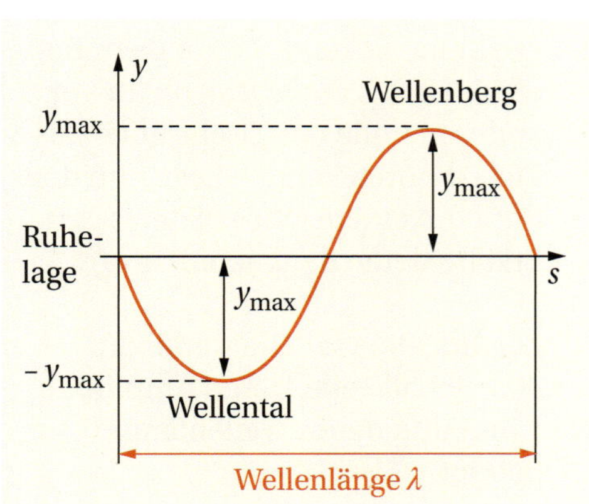

Schall-, Seil- oder Wasserwellen sind mechanische Wellen. Bei solchen Wellen ändern sich physikalische Größen wie Auslenkung, Druck oder Geschwindigkeit.

Bei Wellen, die für Runkfunk und Fernsehen genutzt werden, ändert sich die Stärke des elektrischen und magnetischen Felds. Solche Wellen heißen **elektromagnetische** oder **hertzsche Wellen.**

Näheres zu elektromagnetischen Wellen findest du ab Seite 60.

Aufgaben

1 Mit einer Welle wird Energie, aber kein Stoff transportiert. Begründe diese Aussage.

2 Vergleiche die Kenngrößen der beiden Wellen in der Abbildung. +

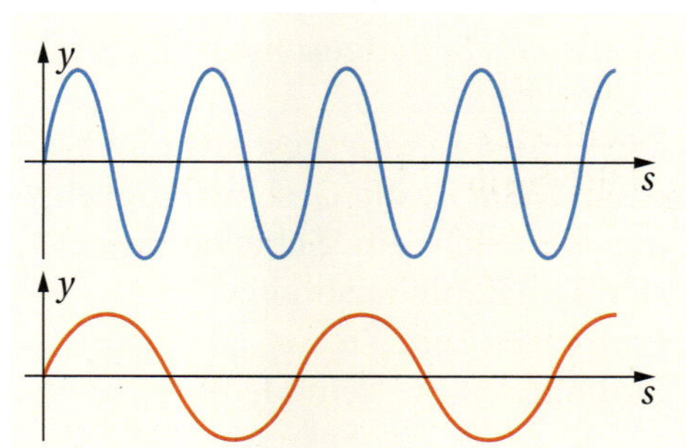

Kenngrößen einer Welle

- Auslenkung y: Abstand des schwingenden Körpers von der Ruhelage
- Amplitude y_{max}: größter Abstand von der Ruhelage
- Periodendauer T: Zeit für eine vollständige Schwingung
- Frequenz f: Anzahl der Schwingungen je Sekunde: $f = \frac{1}{T}$
- Wellenlänge λ (Lambda): Abstand zweier benachbarter Schwinger im gleichen Schwingungszustand

Wellenlänge: Sie ist neben der Ausbreitungsgeschwindigkeit eine wichtige physikalische Größe, mit der du Wellen beschreiben kannst.

> Die Wellenlänge gibt den Abstand zweier benachbarter Schwinger an, die sich im gleichen Schwingungszustand befinden.
> Formelzeichen: λ
> Einheit: ein Meter (1 m).

Die Wellenlänge ist der Abstand zwischen zwei benachbarten Wellenbergen bzw. Wellentälern. Bei Schallwellen, die für uns hörbar sind, können die Wellenlängen sehr unterschiedlich sein. In Luft betragen sie zwischen 7,5 cm und 90 m.

Ausbreitungsgeschwindigkeit: Die Geschwindigkeit, mit der sich Schall ausbreitet, heißt **Schallgeschwindigkeit.**

> Die Ausbreitungsgeschwindigkeit einer Welle ist die Geschwindigkeit, mit der sich ein Schwingungszustand im Raum ausbreitet.
> Formelzeichen: v
> Einheit: ein Meter je Sekunde ($1\,\frac{m}{s}$)

Schallgeschwindigkeiten in verschiedenen Stoffen in $\frac{m}{s}$		
Stahl	bei 20 °C	4 900
Beton	bei 20 °C	3 800
Ziegelstein	bei 20 °C	3 600
Holz (Eiche)	bei 20 °C	3 400
Eis	bei −4 °C	3 250
Wasser	bei 0 °C	1 404
	bei 20 °C	1 484
Luft	bei −20 °C	320
	bei 0 °C	332
	bei +20 °C	344
Gummi	bei 20 °C	50

Wellenlängen in Natur und Technik	
Ultraschallwellen in der Medizin (1–15 MHz)	1,5 bis 0,1 mm
Schallwellen bei 20 °C und 1 000 Hz in Luft	34 cm
in Wasser	148 cm
Wasserwellen	
in flachem Wasser	einige cm
im Meer bei Sturm	>10 m

Die Ausbreitungsgeschwindigkeit hängt vom Stoff ab, in dem sich die Wellen ausbreiten. Das liegt an den unterschiedlichen Kopplungskräften zwischen den Teilchen der Stoffe. Je stärker diese Kopplung ist, desto größer ist die Geschwindigkeit. Die Schallgeschwindigkeit hängt außerdem noch von der Temperatur des Stoffs ab.

Aufgaben

1 Belege mit den Werten aus der Tabelle links, dass Schall in Wasser schneller übertragen wird als in Luft.

2 Erkläre mit den Kopplungskräften zwischen den Teilchen, warum sich Schallwellen bei 20 °C in Stahl schneller ausbreiten als in Luft der gleichen Temperatur. ↗ S. 97

3 Lege eine tickende Uhr auf ein Ende eines Tischs. Stelle fest, ob du am anderen Ende des Tischs noch das Ticken hören kannst. Lege nun den Kopf mit einem Ohr auf den Tisch. Erkläre deine Beobachtung.

4 Zeichne ein *y(s)*-Diagramm für eine Schallwelle, deren Amplitude 1 mm und deren Wellenlänge 0,4 m beträgt.

Erforsche es

Wie schnell ist Schall?

1. Entwickle Ideen, wie du mit einfachen Mitteln die Schallgeschwindigkeit in Luft bestimmen kannst. Präsentiere diese Ideen deinen Mitschülern.
   Plant einen Versuch und führt ihn gemeinsam durch.
   Vergleicht den Wert, den ihr für die Schallgeschwindigkeit ermittelt, mit dem Wert, der im Tafelwerk angegeben ist. Welche Messfehler sind aufgetreten?

2. Ermittelt die Schallgeschwindigkeit mit einer Starterklappe. Fertigt ein Protokoll an.

Vorbereitung:
Ihr benötigt eine Starterklappe, die ihr auch leicht selbst bauen könnt, Stoppuhren und ein Bandmaß.
Durchführung:
a) Ein Mitschüler postiert sich mit der Starterklappe in mindestens 300 m Entfernung und schlägt die Starterklappe zusammen.
b) Mehrere Schüler messen die Zeit zwischen dem optischen Wahrnehmen des Zusammenschlagens und dem Hören des Schalls. Die Messungen werden wiederholt.
Auswertung:
a) Vergleicht den berechneten Wert mit dem Tabellenwert.
b) Findet Ursachen für mögliche Abweichungen.

3. Wie weit ist ein Gewitter entfernt, wenn ihr den Donner 5 s nach dem Blitz wahrnehmt? Nutzt die Abschätzung unten.

Abschätzung von Entfernungen

Mit der Schallgeschwindigkeit in Luft kannst du abschätzen, wie weit ein Gewitter entfernt ist.

Nimm für die Abschätzung an, dass der Schall in 1 s etwa 333 m zurücklegt. Er braucht dann für eine Entfernung von 1 000 m = 1 km etwa 3 s:
$1\,000 : 333 \approx 3$

Vergehen nach dem Wahrnehmen des Blitzes 12 s, bis du den Donner hörst, dann war dieser Blitz etwa 4 km entfernt: $12 : 3 = 4$

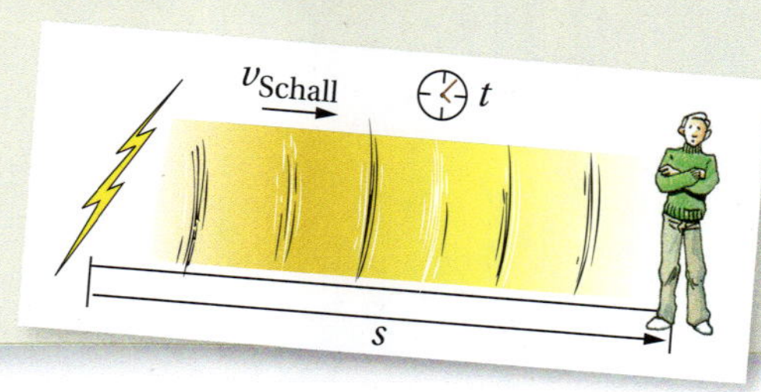

Der Ton macht die Musik

Reflexion, Beugung und Interferenz

In einer Entfernung von einem Meter kann die Person das Ticken der Uhr im Standzylinder nicht hören. Aber es gibt einen Trick.

Wenn Schallwellen auf Körper treffen, werden sie teils **hindurchgelassen,** teils **absorbiert** und teils **reflektiert.** Wie viel Schall das ist, hängt von dem Stoff ab, aus dem der Körper besteht, aber auch von seiner Schichtdicke und Oberfläche. Weiche und poröse Körper mit einer rauen Oberfläche absorbieren viel, reflektieren wenig und lassen wenig Schall hindurch. Harte Körper mit einer glatten Oberfläche absorbieren wenig, reflektieren aber viel Schall.
In einem Stoff breiten sich Schallwellen vom Erreger geradlinig aus. Es bilden sich **Wellenfronten.** Senkrecht darauf steht die **Wellennormale.**

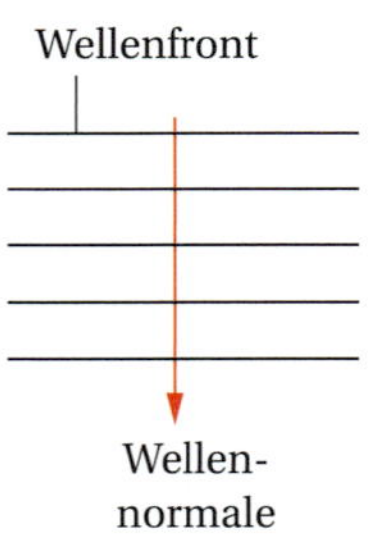

Die schwarz gezeichneten Linien sind die Wellenfronten, die roten Linien die Wellennormalen. Sie zeigen die Ausbreitungsrichtung der Welle an.

Reflexion von Schallwellen: Wenn die Wellen auf eine Fläche treffen, dann werden sie reflektiert. Dabei sind Einfallswinkel und Reflexionswinkel wie bei der Reflexion von Licht gleich groß.
Diesen Trick nutzt die Person oben, um das Ticken der Uhr zu hören.

Beugung von Schallwellen: Wenn die Wellen auf Hindernisse wie Spalte, Kanten oder Ecken treffen, dann breiten sie sich auch hinter diesen Hindernissen aus. Die Erscheinung heißt **Beugung.** Sie tritt nur bei Wellen auf.
So hörst du den Motor eines Autos, obwohl es hinter einer Hausecke steht.

Reflexion von Schall

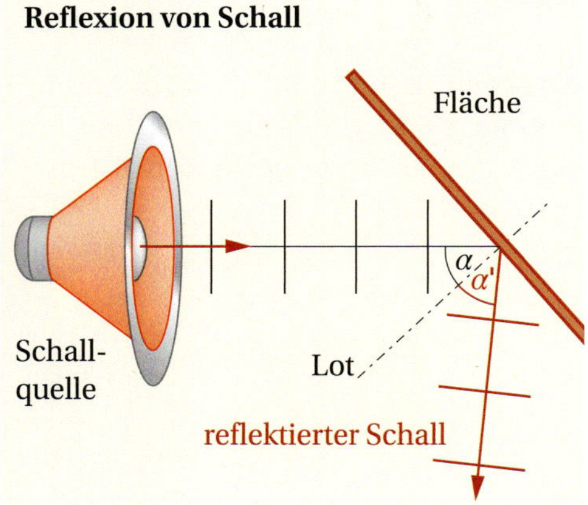

Beugung von Schall

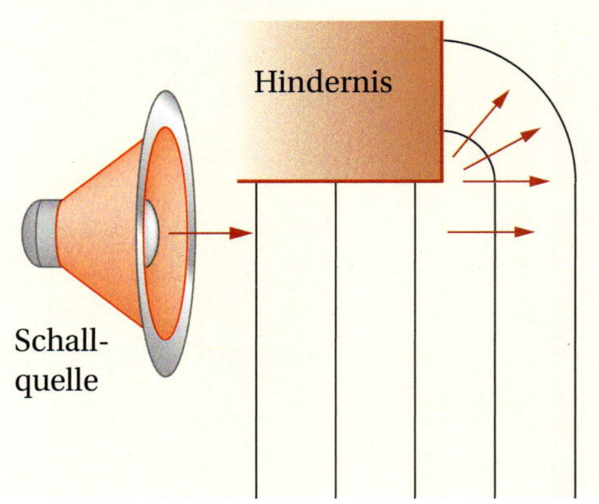

Wusstest du schon …

Das huygenssche Prinzip

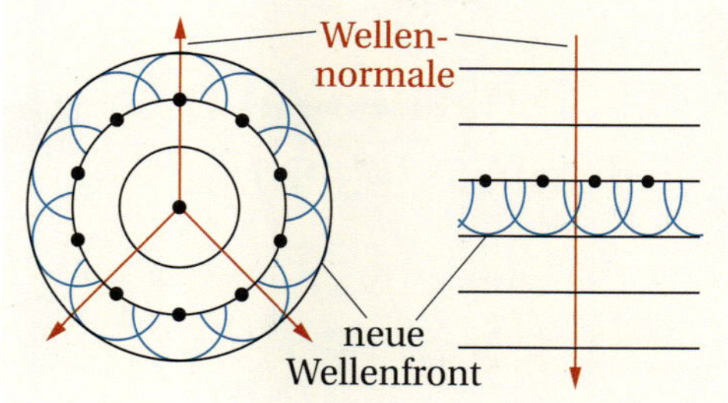

Das Bild zeigt das Prinzip für eine Kreiswelle (links) und eine lineare Wellenfront (rechts).

Jeder Punkt, auf den eine Welle trifft, ist Ausgangspunkt für kreis- bzw. kugelförmige Elementarwellen (blau gekennzeichnet). Diese breiten sich mit der gleichen Geschwindigkeit aus wie die ursprüngliche Welle. Die Elementarwellen überlagern sich. Die Einhüllende aller Elementarwellen bildet eine neue Wellenfront. Das von CHRISTIAAN HUYGENS (1629–1695) entwickelte Prinzip ermöglicht die Erklärung von Reflexion, Brechung, Beugung und Interferenz von Wellen.

Umgekehrt gilt: Tritt irgendwo Beugung auf, liegt eine Erscheinung vor, die Wellencharakter hat.

Interferenz von Schallwellen: Wellen von verschiedenen Quellen (Menschen, Radio, Fluglärm) breiten sich ungestört voneinander aus, sodass du sie getrennt wahrnimmst. Wenn zwei Schallwellen aufeinandertreffen, kommt es zu Überlagerungen, zur **Interferenz.**

Bei gleicher Wellenlänge oder Vielfachen davon tritt **Verstärkung** auf. Zur **Auslöschung** kommt es, wenn Wellenberg und Wellental zusammentreffen.

Aufgaben

1 Aus welchem Material sollten Ohrstöpsel sein?

2 Beschreibe zwei Beispiele für die Beugung von Schallwellen.

3 Gehe an zwei Schallquellen gleicher Frequenz parallel vorbei. Beschreibe deine Beobachtung.

4 Wenn Beugung oder Interferenz auftreten, handelt es sich um Wellen. Erläutere diese Aussage.

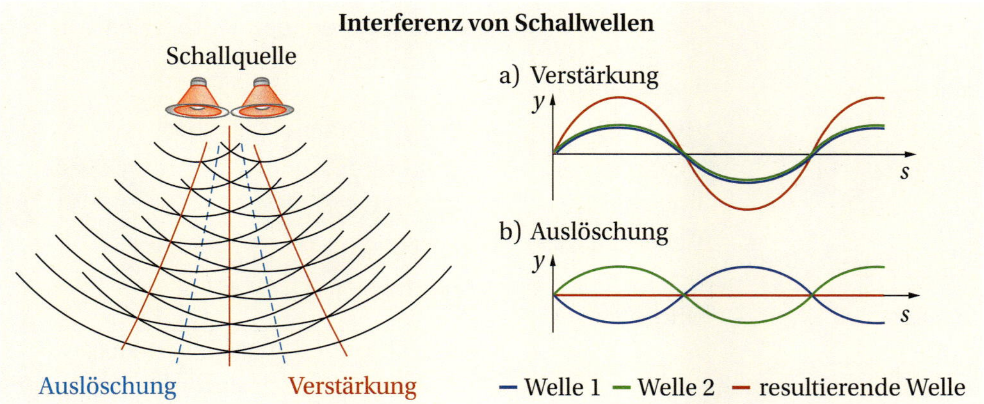

Verstärkung: Wellenberg trifft auf Wellenberg. Wellental trifft auf Wellental.

Auslöschung: Wellenberg trifft auf Wellental.

Der Ton macht die Musik

Sinnliche Wahrnehmung des Schalls

Handy aus im Unterricht! Der Mosquito-Klingelton umgeht das Verbot. Was verbirgt sich dahinter?

Sprache, Musik oder Geräusche nimmst du mit deinen Ohren wahr. Ohren sind **Schallempfänger.**

Die Ohrmuschel nimmt den Schall auf und leitet ihn durch den Gehörgang an das Trommelfell weiter.

Beide wirken wie ein Trichter, an dessen Innenwand der Schall reflektiert wird.

Die Verdichtungen und Verdünnungen der Luft im Gehörgang regen das Trommelfell zum Mitschwingen an. Die Gehörknöchelchen übertragen die Schwingungen auf sehr kleine Härchen in der Schnecke.

Die Schwingungen reizen die Sinneszellen an den Enden der Härchen und die Zellen senden über den Hörnerv Signale an das Gehirn. Das Gehirn verarbeitet die Wahrnehmungen zu akustischen Eindrücken.

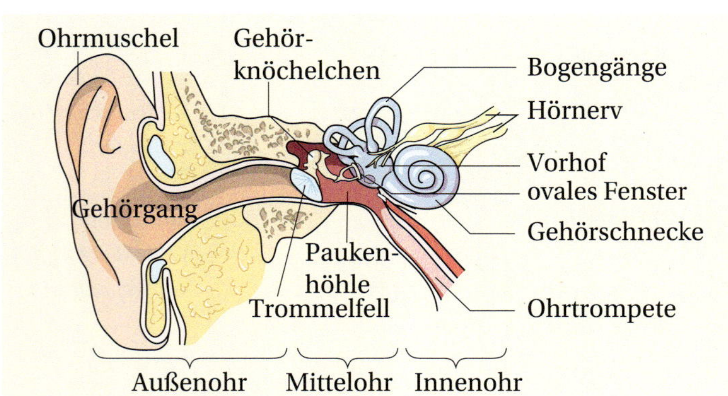

Da dies bei jedem Menschen unterschiedlich geschieht, ist die Wahrnehmung von Schall **subjektiv.**

Du nimmst Schall nur mit Frequenzen zwischen 16 und 20 000 Hz wahr. Die obere Grenze nimmt mit dem Alter stark ab. 50-Jährige hören nur noch bis etwa 13 000 Hz. Darauf zielt der Mosquito-Klingelton ab.

Töne mit einer Frequenz über 20 kHz und unter 16 Hz nimmst du nicht wahr. Sie stören aber dein Wohlbefinden.

Damit du etwas hörst, muss die Lautstärke im Hörbereich zwischen Hörschwelle und Schmerzschwelle liegen. Die Hörbereiche von Mensch und Tier unterscheiden sich.

- Interpretiere den Hörbereich von verschiedenen Lebewesen.

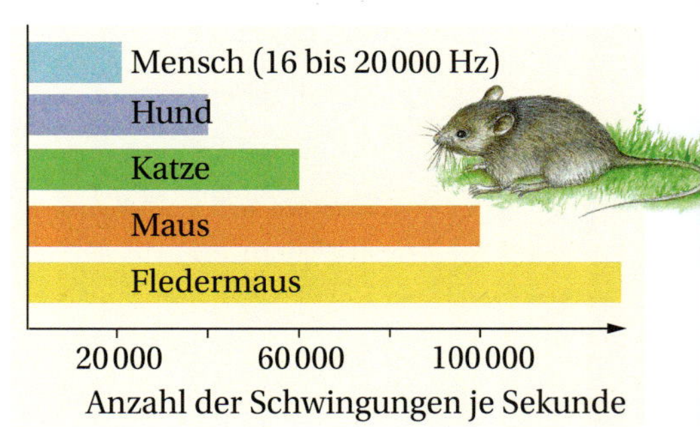

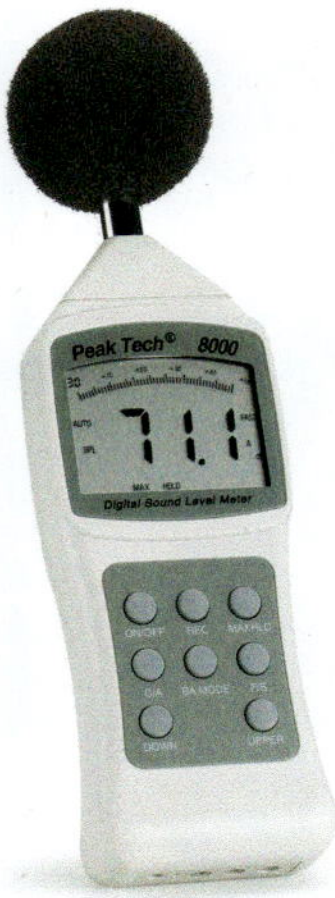

Wie laut jeder Einzelne Schall wahrnimmt, ist sehr subjektiv. Um objektive Aussagen über Lautstärken zu erhalten, gibt es Schallpegelmesser. Sie messen **Schallpegel** in der Einheit Dezibel (dB). Subjektiv nimmst du eine bestimmte Laustärke wahr. Für ein Motorrad zeigt der Schallpegelmesser etwa 70 dB an. Was bedeutet diese Angabe?
Elektronische Schallpegelmesser haben Mikrofone und umfassen einen Messbereich von 30 bis 130 dB. Nur bei der Frequenz von 1 000 Hz stimmen der Lautstärkepegel (gemessen in Phon) und der Schallpegel (gemessen in Dezibel) überein.

Um eine wahrgenommene Lautstärke trotzdem messtechnisch erfassen zu können, werden die gemessenen Schallpegel an das Hörempfinden angeglichen. Bei den Angaben in der Tabelle unten sind die Schallpegel bereits in der Einheit dB angegeben.

Zwei Motorräder nimmst du nicht doppelt so laut wahr wie eins. Das geschieht erst bei zehn Motorrädern.

Unser Hörempfinden weist eine Besonderheit auf: Wenn ein Motorrad einen Schallpegel von 70 dB erzeugt, so zeigt das Gerät bei zwei gleich lauten Motorrädern nicht etwa 140 dB an, sondern nur 73 dB. Der Pegel steigt um 3 dB.
Als **Faustformel** gilt: 10 dB Unterschied werden etwa als halbe bzw. doppelte Lautstärke wahrgenommen.

Aufgabe

Was passiert bei 130 dB mit den Härchen in der Gehörschnecke? ⊕

Schallpegel in Natur und Technik		
Schallpegel in dB	**Beispiel**	**Entfernung Schallquelle/ Ort der Messung**
0	Hörschwelle	am Ohr
10	ruhiges Atmen	am Ohr
20–30	sehr ruhiges Zimmer	am Ohr
40–50	normale Unterhaltung	1 m
60–70	Fahrzeuge, Staubsauger	10 m
80–90	stark befahrene Straße	10 m
100–110	Presslufthammer, Diskothek	am Ohr
120–140	Rockkonzert, Donner, Düsentriebwerk eines Flugzeugs	30 m

Der Ton macht die Musik

Lärm und Lärmschutz

Das Dröhnen von Presslufthämmern wird als störend empfunden.
Welche Auswirkungen kann Lärm haben?

Schall, der an deine Ohren gelangt, kann angenehme Empfindungen auslösen, so die Sprache von vertrauten Menschen, Musik oder das knisternde Geräusch eines Lagerfeuers. Schall kann dich aber auch stören und sogar schädigen.

Schall, der als belästigend empfunden wird oder zu gesundheitlichen Schäden führen kann, heißt Lärm.

Lärm ist eine subjektive Empfindung. Das, was du als Lärm empfindest, muss ein anderer nicht zwangsläufig so wahrnehmen.

Dabei ist die Art des Lärms völlig gleichgültig. Deine Lieblingsmusik in entsprechender Lautstärke ist genauso schädlich wie der Lärm eines startenden Flugzeugs.

Du schützt dich vor Schäden, indem du beim Benutzen von Kopfhörern sowohl die Lautstärke als auch die Benutzungszeit begrenzt und Pausen einlegst.

Menschen in Deutschland empfinden Lärm als eine der stärksten Umweltbeeinträchtigungen (Befragung durch das Umweltbundesamt):

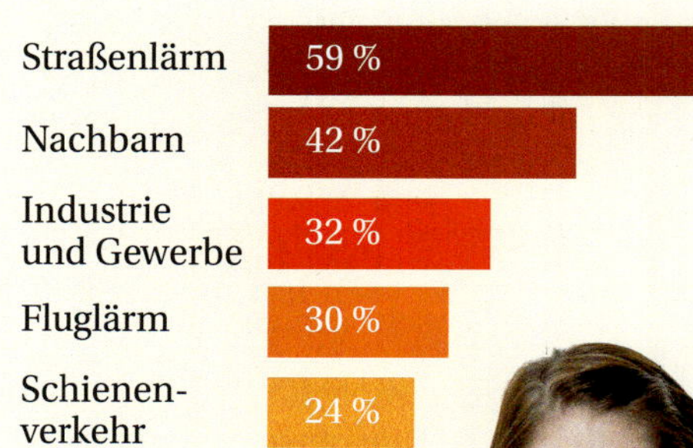

Prophezeiung des Mediziners Robert Koch (1843–1910)

„Eines Tages wird der Mensch den Lärm ebenso unerbittlich bekämpfen müssen wie die Cholera und die Pest."

Allgemeines Preußisches Landrecht von 1793

„Mutwillige Buben, welche auf den Straßen lärmen, sollen mit verhältnismäßigem Gefängnis, körperlicher Züchtigung oder Zuchthaus bestraft werden."

Gesundheitliche Schäden

Lärm ist Stress für den ganzen Organismus und wirkt besonders auf die Ohren ein.

Beschleunigte Atmung

Erhöhter Blutdruck

Schlafstörungen

Erhöhte Herzfrequenz

Kurzzeitiger Lärm:
Die Leistungsfähigkeit deines Gehörs wird zeitweise verringert.
↓
Vorübergehende Taubheit

Länger anhaltender, starker Lärm über 85 dB:
Die Haarzellen im Innenohr sterben allmählich ab und können sich nicht erneuern.
↓
Bleibender Gehörschaden

Lärmschutz ist darauf gerichtet, schädliche Umwelteinwirkungen durch Lärm zu vermeiden oder zu verringern.

Als Grundsatz gilt:

> Die Vermeidung von Lärm ist der beste Schutz vor gesundheitlichen Schäden. Wo es möglich ist, sollte Lärm verringert werden.

Technische **Maßnahmen des Lärmschutzes** zielen auf Schalldämmung und Schalldämpfung ab:
- die Errichtung von Schallschutzwänden oder Erddämmen an Straßen oder Bahnstrecken,
- der Einbau von Schallschutzfenstern in Wohnungen,
- die Verminderung der Reifen-Fahrbahn-Geräusche durch Verbesserung der Reifen und veränderten Straßenbelag („Flüsterasphalt"),
- der Bau leiserer Maschinen.

Schalldämmung erfolgt durch Reflexion, **Schalldämpfung** durch Absorption. Welche Stoffe dazu geeignet sind, hast du auf Seite 50 kennengelernt.

Aufgaben

1 Lies noch einmal auf Seite 53 nach und finde ein vergleichbares Beispiel für Lärm von 85 dB.

2 Unter welchen Bedingungen führt Lärm zur Lärmschwerhörigkeit?

3 Überprüfe, welchen Lärmquellen du dich selbst aussetzt.

Erforsche es

Lärm macht krank

Das Knattern eines Hubschraubers, das Kreischen einer Säge oder das Dröhnen eines Presslufthammers wird allgemein als belästigend empfunden. Beim Hören von Musik gehen hingegen die Meinungen stark auseinander.

1. Erstellt einen Katalog mit Beispielen, die jeder Einzelne der Gruppe als Lärm empfindet. Bei welchen Beispielen gibt es eine große Übereinstimmung der Empfindungen, bei welchen nur geringe?

2. Untersucht die Hauptquellen der Lärmbelastung an eurer Schule. Messt den Schallpegel an verschiedenen Orten. Diskutiert die Messergebnisse. Unterbreitet Vorschläge zur Lärmvermeidung bzw. Lärmverringerung. Bezieht in eure Vorschläge objektive Bedingungen (Gestaltung der Räume und Flure, Verkehrsgeschehen in der Umgebung der Schule) und subjektive Verhaltensweisen ein.

Gärten und Erholungsgrundstücke bieten frische Luft, Ruhe und Entspannung. Der Idealzustand wird jedoch oft durch Lärm gestört.
Motorisierte Gartengeräte wie Rasenmäher, Heckenscheren oder Motorhäcksler erleichtern die Arbeit, verursachen aber auch Lärm, der Nachbarn stört und zu Streit führen kann.

3. Stellt die Schallpegel einzelner Gartengeräte zusammen. Erkundet die bundesweit geltenden Betriebszeiten für Gartengeräte sowie die Ruhezeiten, die für diese Geräte in der kommunalen Verordnung festgelegt sind. Macht Vorschläge zur Lärmvermeidung.

4. In Ballungsräumen ist der Straßenverkehr der größte Lärmverursacher. Erkundet und erläutert wichtige Maßnahmen zum Lärmschutz. Unterscheidet zwischen Schalldämmung und Schalldämpfung. Welche Eigenschaften von Schall werden dabei genutzt?

Wusstest du schon …

Schall, den wir nicht hören

Infraschall heißt Schall mit einer Frequenz, die unter 16 Hz liegt. Infraschall tritt bei Erdbeben, Vulkanausbrüchen oder Schwingungen von Industrieanlagen auf.
Manche Tiere können Infraschall hören. Dazu gehören Elefanten und Wale. Sie nutzen Infraschall auch zur Kommunikation. Im Wasser breitet sich dieser Schall besonders weit aus.

Ultraschall heißt Schall mit einer Frequenz von über 20 kHz. Hunde hören Schall bis etwa 50 kHz. Sie werden mit speziellen Pfeifen im Frequenzbereich zwischen 16 und 22 kHz abgerichtet und trainiert. Dieses Pfeifen nehmen wir nicht oder nur sehr leise wahr.
Insbesondere der Ultraschall findet in Technik und Medizin vielfältige Anwendungen.

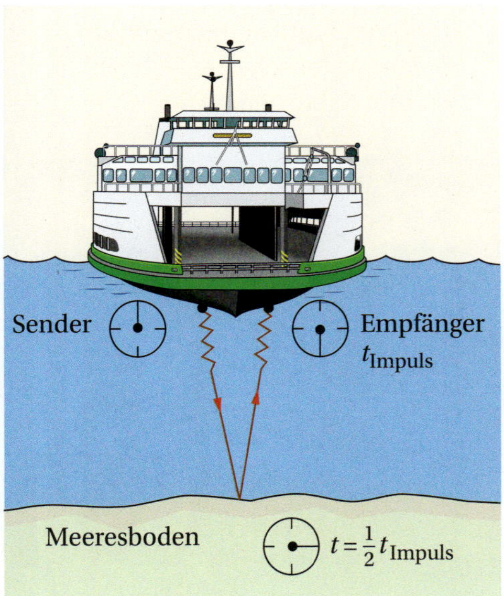

Goldschmiede, Uhrmacher und Optiker reinigen kleine und fein strukturierte Bauteile mit Ultraschall. Mittlerweile gibt es diese Ultraschallreiniger auch im Haushalt. Schmuck, Brillen, CDs und DVDs werden schonend sauber.

Ultraschall wird zur **Echoortung** genutzt. Ein Sender (Lautsprecher) strahlt Ultraschallimpulse ab, die am Meeresboden oder an Hindernissen (Fischschwarm, U-Boot) reflektiert werden. Ein Empfänger (Mikrofon) nimmt den reflektierten Schall auf.
Auch die **Ultraschallunterschung** bei Schwangeren beruht auf einem ähnlichen Verfahren. Eine Ärztin bzw. ein Arzt führt den Schallkopf über die Körperoberfläche. Ein Computer stellt dabei die empfangenen Echoimpulse als mehr oder weniger helle Punkte dar. Auf dem Monitor entsteht ein Bild.

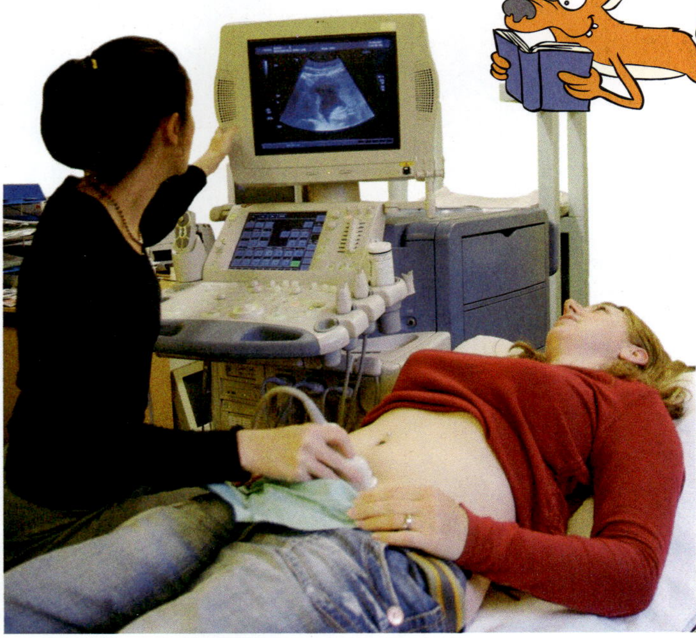

Das hast du gelernt

Der Ton macht die Musik

Alles, was der Mensch mit seinem Gehör wahrnehmen kann, wird als Schall bezeichnet.

Eine Welle ist die Ausbreitung einer Schwingung im Raum.

Mit einer Welle wird Energie, aber kein Stoff transportiert.

Die Schallgeschwindigkeit hängt vom Stoff (und seiner Temperatur) ab, in dem sich Wellen ausbreiten.

Reflexion von Wellen

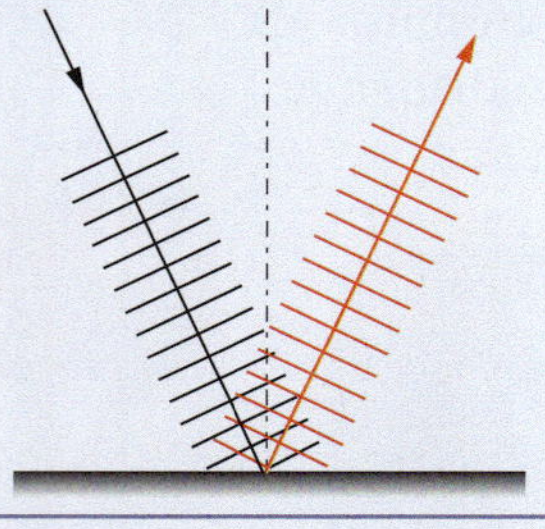

Beugung von Wellen

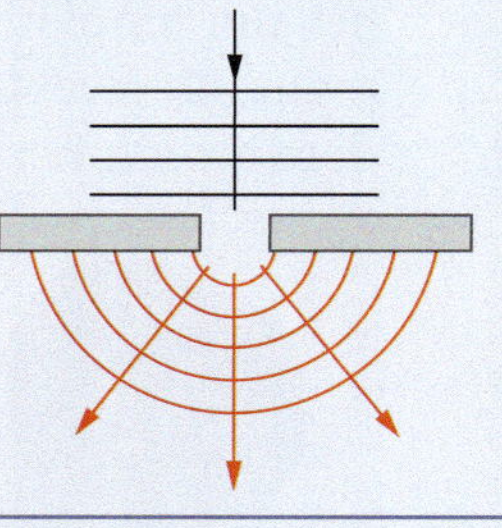

Interferenz von Wellen

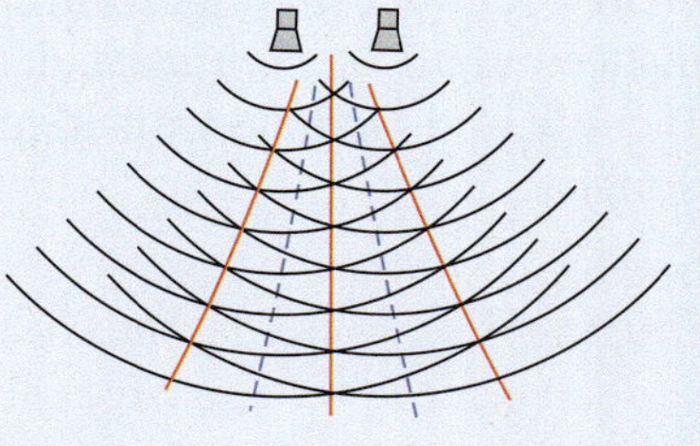

Sender-Empfänger-Modell für Schallwellen

Löse mit Köpfchen

1. Klingeltöne im Vakuum?
Pumpt man die Luft aus dem Gefäß heraus, dann wird das Klingeln immer leiser. Erkläre. ↗ S. 97

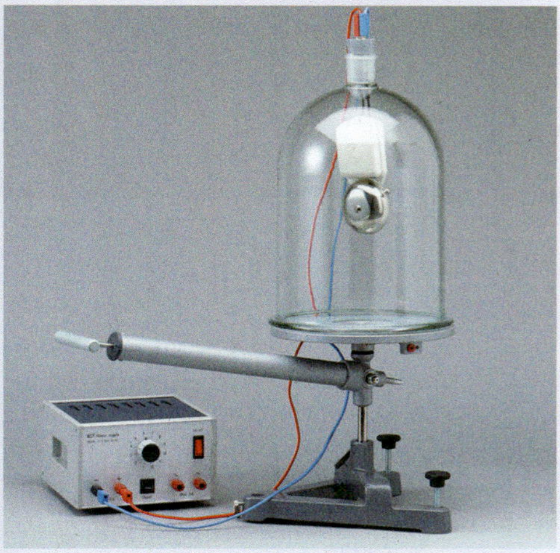

2. Diagramme geben Auskunft
Eine Stimmgabel wird angeschlagen und schwingt mit einer Frequenz von 400 Hz. Die Amplitude der Schwingung beträgt 1,5 mm.
Zeichne das *y(t)*-Diagramm und das *y(s)*-Diagramm für die Ausbreitung der Schallwelle in Luft.
Wie groß sind Wellenlänge, Periodendauer und Geschwindigkeit?

3. Wettlauf Licht–Schall
Bei einem Sprintwettkampf steht der Starter mit seiner Klappe direkt hinter den Läufern. Der Sportlehrer steht mit einer Stoppuhr direkt am Ziel an der 100-m-Marke.
Diskutiert: Wann muss der Sportlehrer die Stoppuhr starten, wenn er das Zusammenschlagen der Klappe sieht oder wenn er den Knall hört?

4. Gut hören ist wichtig!
Sprachrohre verbesserten früher die Verständlichkeit der gesprochenen Sprache in weiter Entfernung des Hörers vom Sprecher.
Hörrohre verstärken die Schallenergie, die auf das Trommelfell trifft. Damit wird ein besseres Hören bei vermindertem oder nachlassendem Gehör erreicht.
Sammle Material über Aufbau, Wirkungsweise und Anwendungsgebiete solcher Geräte (Internetrecherche). ↗ S. 70
Baue mit einfachen Mitteln ein Hörrohr nach und untersuche seine Wirkung.
Beschreibe und erkläre deine Beobachtungen.

5. Echoortung bei Delfinen
Delfine orientieren sich mit Schall. Informiere dich darüber und fertige ein Lernplakat an.

6. Fahrgeräusche von Mopeds
Ein Moped hat bei einer Geschwindigkeit von $50\,\frac{\text{km}}{\text{h}}$ einen Schallpegel von etwa 70 dB. Wie viele Mopeds erzeugen einen Pegel von 73 bzw. 76 dB? Wie empfindest du Mopedgeräusche?

Handy und Multimedia

Entstehung elektromagnetischer Wellen

Ob Antennen von Fernsehtürmen oder Mobilfunknetze – sie alle strahlen Energie in Form von Wellen ab. Ist Welle gleich Welle?

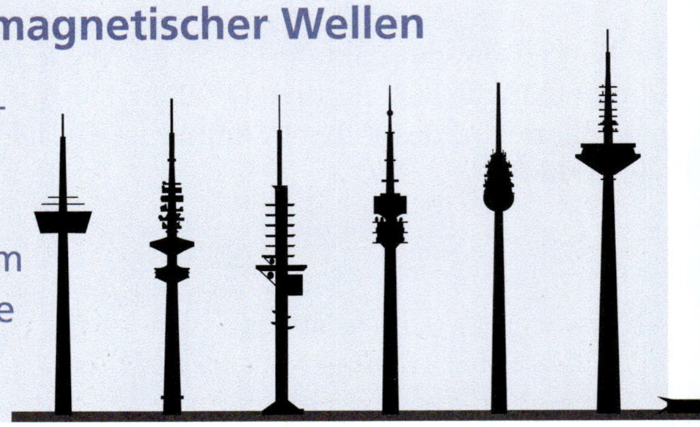

Welle ist nicht gleich Welle. Von Schallwellen weißt du: Damit eine Welle entsteht, müssen schwingungsfähige Teilchen, die miteinander gekoppelt sind, zu Schwingungen angeregt werden.

Ähnlich ist das, wenn elektromagnetische Wellen erzeugt werden. Es müssen zunächst elektromagnetische Schwingungen vorhanden sein.

Eine geeignete Anordnung, um solche Schwingungen zu erzeugen, ist eine Reihenschaltung von Spule und Kondensator wie in der Abbildung unten. Eine solche Anordnung wird als **Schwingkreis** bezeichnet. Kondensatoren speichern elektrische Ladungen. Sie bestehen aus zwei leitenden Schichten, die durch einen Isolator getrennt sind.

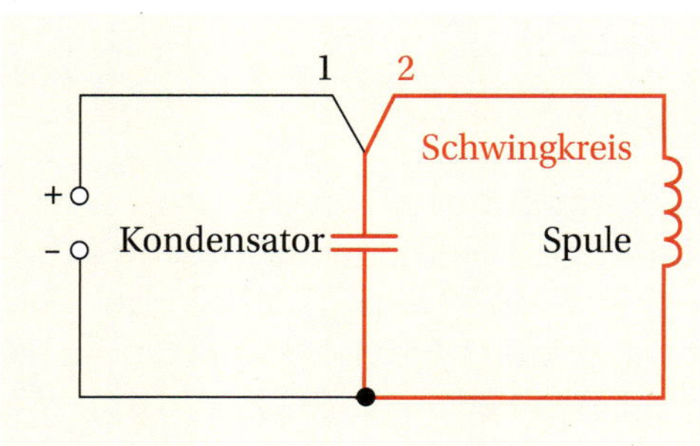

In einem Schwingkreis entsteht eine Folge von elektromagnetischen Schwingungen.

Bei Schalterstellung 1 wie in der Abbildung unten wird ein Kondensator aufgeladen. Bei Stellung 2 entstehen im Schwingkreis elektromagnetische Schwingungen.

Die Vorgänge, die sich dabei vollziehen, sind auf der gegenüberliegenden Seite detaillierter dargestellt.

Das Hin- und Herschwingen der Energie ist mit der Änderung der Stärke der magnetischen und elektrischen Felder verbunden. Jedes magnetische Feld erzeugt ein elektrisches Feld und umgekehrt.

In einem Schwingkreis wird die Energie des elektrischen Felds des Kondensators in Energie des magnetischen Felds der Spule umgewandelt und umgekehrt.

Erst bei genügend hoher Frequenz der Umwandlung der Felder ineinander werden elektromagnetische Wellen erzeugt.

- Prüfen: Beschreibe, wie ein Schwingkreis aufgebaut ist. Nutze auch die Abbildung links.

Wusstest du schon …

Voraussetzungen für das Entstehen elektromagnetischer Wellen

Voraussetzung für die Erzeugung elektromagnetischer Wellen ist das Vorhandensein elektromagnetischer Schwingungen.

Elektromagnetische Schwingungen werden in einem **Schwingkreis** erzeugt. Die Vorgänge, die dabei ablaufen, sind in der Abbildung unten dargestellt. Im Detail geschieht Folgendes:

(A) Der Kondensator ist aufgeladen. Die Energie ist im elektrischen Feld des Kondensators gespeichert.
(B) Der Kondensator entlädt sich. Durch den Stromfluss entsteht um die Spule ein magnetisches Feld, in dem die Energie gespeichert ist.
(C) Durch das sich ändernde Magnetfeld entsteht in der Spule infolge Induktion eine Spannung und ein Strom, der den Kondensator entgegengesetzt auflädt.
(D) Der Kondensator entlädt sich in umgekehrter Richtung. Durch den Stromfluss entsteht um die Spule wieder ein magnetisches Feld.
(E) Durch Induktion in der Spule entsteht wieder ein Stromfluss, der zum ursprünglichen Zustand führt.

Wird einem Schwingkreis durch einmaliges Aufladen des Kondensators Energie zugeführt, so kommt die elektromagnetische Schwingung nach einer bestimmten Zeit zum Erliegen. Sie wird **gedämpft.** Ursache für die Dämpfung ist die Umwandlung der Energie der Felder durch den Stromfluss in Spule und Leiter in thermische Energie.
Um eine **ungedämpfte Schwingung** zu erhalten, muss dem Schwingkreis ständig so viel Energie zugeführt werden, wie in ihm in thermische Energie umgewandelt wird.

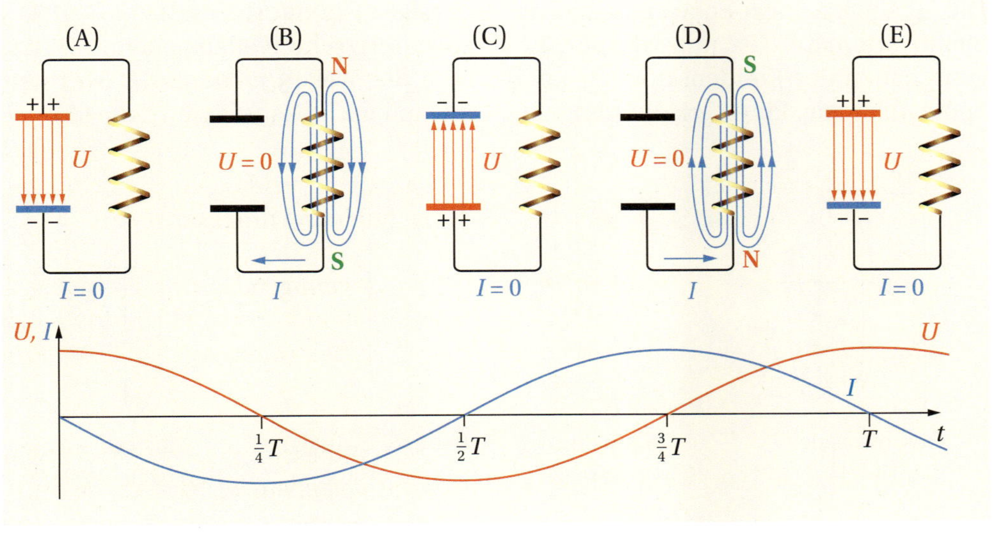

So entstehen elektromagnetische Schwingungen in einem Schwingkreis.

Das Diagramm zeigt den Verlauf der Spannung am Kondensator sowie der Stromstärke durch die Spule.

Durch Antennen unterschiedlicher Form können hertzsche Wellen abgestrahlt oder empfangen werden.

Erzeugung elektromagnetischer Wellen: Nur hochfrequente elektromagnetische Schwingungen können sich im Raum ausbreiten. Um das zu erreichen, sind zwei Bedingungen erforderlich:
- In einem Schwingkreis müssen hochfrequente Schwingungen entstehen.
- Die hochfrequenten Schwingungen müssen in den Raum abgestrahlt werden.

Die Frequenz der Schwingungen in einem Stromkreis ist nur von den Eigenschaften des Kondensators und der Spule abhängig. Eine Verkleinerung der Fläche des Kondensators und eine Verringerung der Windungszahl der Spule vergrößern die Frequenz.

Um die Ausbreitung der Schwingungen im Raum zu erreichen, bedient man sich eines „Tricks". Der Stromkreis besteht dann aus einem metallischen Stab. Die beiden Enden des Stabs bilden den Kondensator, der Stab selbst ist eine lang gezogene Windung der Spule.

Eine solche Anordnung heißt **offener Schwingkreis, Dipol** oder **Antenne.** Von der Antenne breiten sich veränderliche elektrische und magnetische Felder in den Raum aus. Sie dient als Quelle **elektromagnetischer Wellen.**
Soll das kontinuierlich geschehen, muss dem Schwingkreis ständig Energie zugeführt werden.

> Eine elektromagnetische Welle ist die Ausbreitung einer hochfrequenten elektromagnetischen Schwingung im Raum.

Elektromagnetische Wellen werden nach ihrem Entdecker, dem deutschen Physiker HEINRICH HERTZ (1857–1894), auch **hertzsche Wellen** genannt. HERTZ wies die Wellen erstmals 1888 experimentell nach (Näheres auf Seite 63).

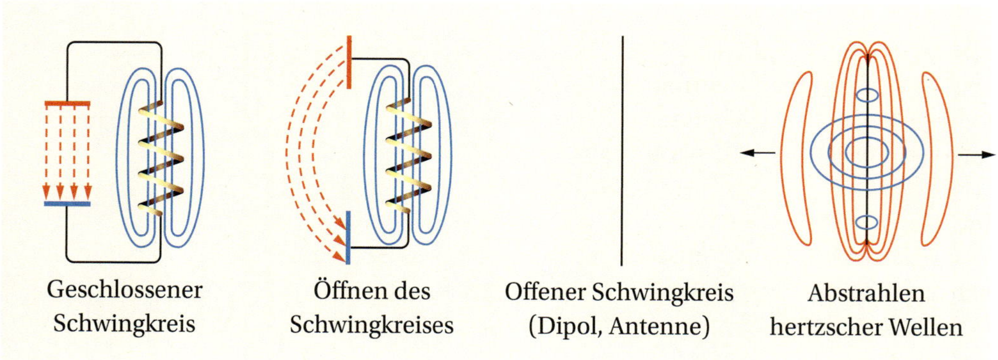

Wusstest du schon …

Entdeckung hertzscher Wellen

Heinrich Hertz (1857–1894)

Die Entdeckung der hertzschen Wellen zeigt erstmalig in der Geschichte der Naturwissenschaften, wie sich aus theoretischen Überlegungen und Voraussagen sowie aus deren experimenteller Bestätigung ein völlig neuer Zweig der Technik entwickelt hat. Wesentlichen Anteil daran hatte der deutsche Physiker Heinrich Hertz.

Michael Faraday (1791–1867) untersuchte elektrische und magnetische Felder und konnte mit der elektromagnetischen Induktion Zusammenhänge zwischen elektrischen und magnetischen Erscheinungen nachweisen.

Um 1830 griff der englische Physiker James Clerk Maxwell (1831–1879) die Überlegungen von Faraday auf und entwickelte eine Theorie für elektrische und magnetische Felder und deren Zusammenhänge. Mit den von ihm aufgestellten und 1861/62 veröffentlichten Gleichungen konnte er elektrische und magnetische Felder mathematisch beschreiben.

So berechnete Maxwell 1868/69 aus seinen Gleichungen theoretisch voraus, dass sich zeitliche Änderungen des elektromagnetischen Felds als elektromagnetische Welle mit Lichtgeschwindigkeit im Raum ausbreiten müssten. Das war eine theoretische Voraussage, deren experimentelle Bestätigung Maxwell nicht interessierte.
Aber die Berliner Akademie der Wissenschaften stiftete einen Preis für die experimentelle Bestätigung der maxwellschen Voraussage. Durch diesen Preis und seine Professur angeregt, beschäftigte sich der junge deutsche Physiker Heinrich Hertz bereits als Student mit der maxwellschen Theorie. Als junger Professor gelang Hertz 1888 der experimentelle Nachweis elektromagnetischer Wellen.

Ausgangspunkt seiner Entdeckung war die zufällige Beobachtung, dass bei Entladungsversuchen an einer in der Nähe liegenden Spule kleine Funken übersprangen, die er als elektrische Resonanzerscheinungen deutete. Daraufhin untersuchte er diese Erscheinungen genauer. Mit einem Funkenempfänger konnte er die elektromagnetischen Wellen eines kleinen Senders bis auf 20 m Entfernung nachweisen.
Als Heinrich Hertz 1889 seine Entdeckung veröffentlichte, wurde er sofort weltberühmt.
Er starb allerdings 1894 sehr früh, ohne den technischen Erfolg seiner Entdeckung zu erleben.

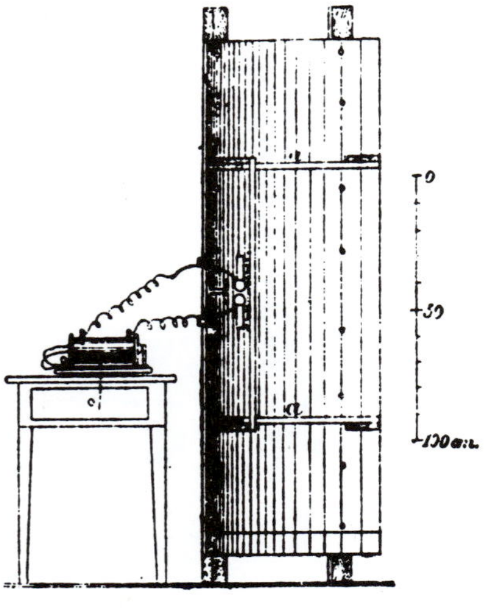

Der Sender von H. Hertz besteht aus einem Funkeninduktor, einem Dipol und einem Reflektor (Strichzeichnung rechts von H. Hertz).

Handy und Multimedia

Eigenschaften von hertzschen Wellen

Mit Navigationssystemen kann die Position von Personen, Pkw und Schiffen bis auf wenige Meter genau bestimmt werden. Wie gelingt das?

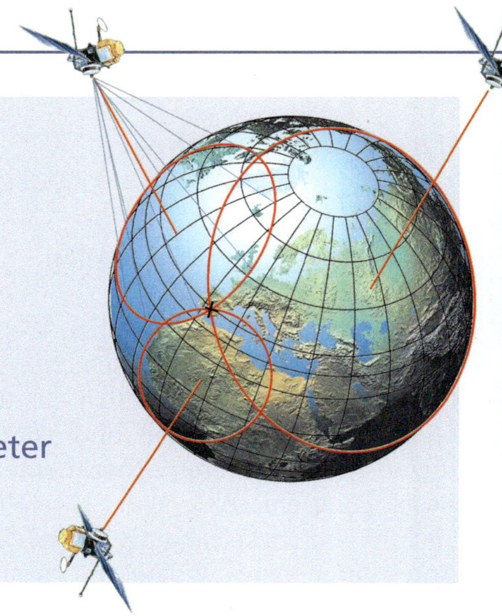

Der deutsche Physiker Heinrich Hertz hatte schon als junger Student von einer unsichtbaren elektromagnetischen Strahlung gelesen, die sich mit Lichtgeschwindigkeit ausbreiten soll.
Über zwanzig Jahre später, nach unendlich vielen Experimenten, hatte er sie gefunden. Die Strahlung erhielt später den Namen **hertzsche Wellen,** weil sie bei Experimenten Welleneigenschaften zeigt.
Durchdringungsvermögen: Wenn du zwischen einem Mikrowellensender und -empfänger nacheinander verschiedene Materialien hältst, kannst du registrieren, wie sich jeweils die Intensität der Wellen verändert.
Bei Pappe, Glas, Holz und Kunststoff ändert sich die Lautstärke kaum.

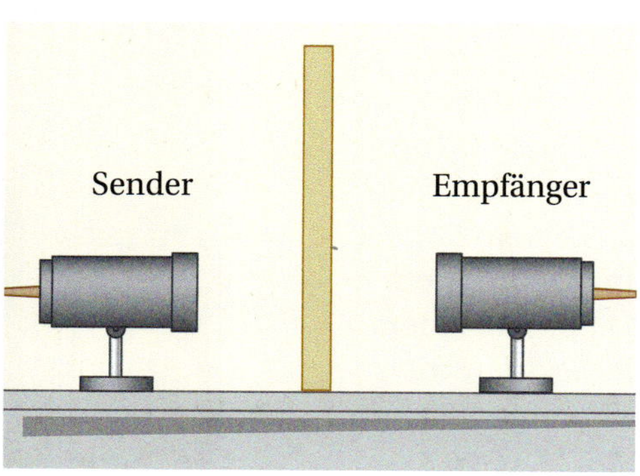

Folglich durchdringen hertzsche Wellen Nichtleiter ohne merkliche Abschwächung.
Elektrische Leiter wie Kupfer, Aluminium, aber auch Drahtnetze halten dagegen die Wellen vollkommen zurück.

- Bestätige diese Ergebnisse beim Telefonieren mit deinem Handy.

Reflexion: Richte Sender und Empfänger nach oben. Ihr Abstand ist dabei größer als in der Abbildung dargestellt. Halte leitende Platten waagerecht über die Anordnung.
Wenn hertzsche Wellen auf elektrische Leiter treffen, dann werden die Wellen nach dem Reflexionsgesetz zurückgeworfen.

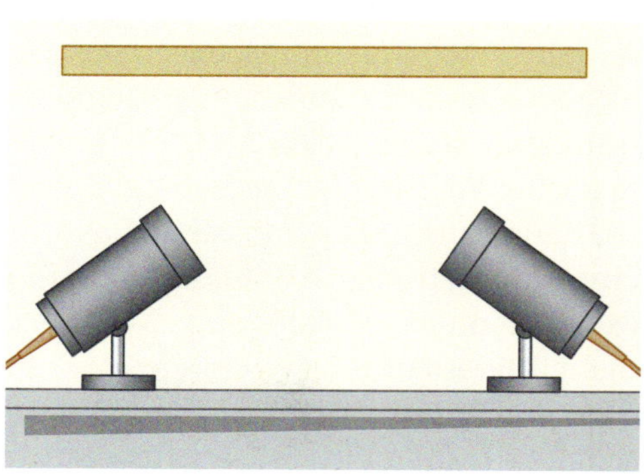

Ausbreitung: Jeder der 24 Satelliten des **GPS** (**G**lobal **P**ositioning **S**ystem) sendet ein bestimmtes Signal aus, das sich mit Lichtgeschwindigkeit ausbreitet (↗ S. 66). Da jeder Satellit die Erde in 20 200 km Höhe umkreist, benötigt das Signal 0,07 s bis zur Erde. Aus der errechneten Entfernung ergibt sich auf der Erdoberfläche ein Kreis. Alle Punkte des Kreises haben den gleichen Abstand vom Sender, dem Satelliten A.

▪ Bestätige die Laufzeit von 0,07 s des Signals.

Ein GPS-Empfänger erkennt, woher das Signal kommt und wie lange es unterwegs war. Erst aus der Position des Satelliten A und dem Schnittpunkt mit den Kreisen der beiden Satelliten B und C kann die Position exakt ermittelt werden. Der vierte Satellit liefert das Zeitsignal.

Das Experiment unten zeigt, dass sich hertzsche Wellen **geradlinig** ausbreiten. Ein Sender befindet sich im Brennpunkt einer parabelförmig gebogenen Metallplatte. In großer Entfernung vom Sender steht ein Empfänger. Der Empfänger wird nach links bzw. rechts und nach oben bzw. unten verschoben. Dann wird der Versuch ohne die Metallplatte wiederholt.

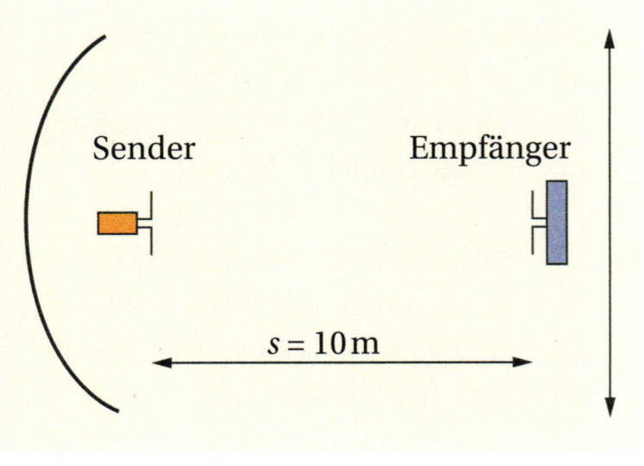

Das Ergebnis ist vergleichbar mit dem eines Parabolspiegels, auf den Licht fällt: Wenn der Sender im Brennpunkt der Metallplatte steht, dann breiten sich die Wellen parallel zur Parabelachse aus. Außerhalb der Achse und ohne Metallplatte sind die empfangenen Wellen merklich schwächer.

Verlauf der Lichtstrahlen an einem Parabolspiegel:

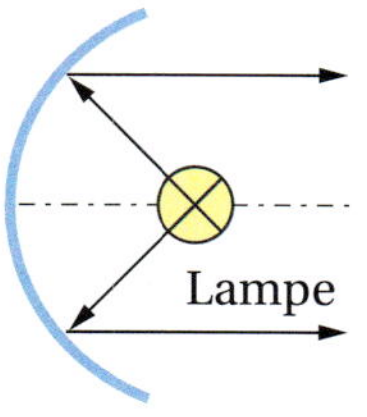

> Hertzsche Wellen breiten sich geradlinig mit Lichtgeschwindigkeit aus. Sie werden durch leitende Schichten abgeschirmt und an diesen reflektiert.

Aufgaben

1 Begründe, warum man zur Positionsbestimmung mit dem GPS drei Satelliten benötigt.

2 Warum kann es in einem Gebäude aus Stahlbeton Probleme beim Empfang von Fernseh- und Radiosendern geben? ↗ S. 97

3 Die Abbildung rechts zeigt Antennen zur Übertragung von Signalen an Erdsatelliten.
Erkläre, warum Sendeantennen diese Form haben. ↗ S. 97

4 Als die Astronauten auf dem Mond landeten, sprachen sie mit dem Bodenpersonal. Wie lange dauerte es, bis Fragen im Kontrollzentrum ankamen?

5 Erläutere, wie die Durchdringungsfähigkeit und die geradlinige Ausbreitung von hertzschen Wellen nachgewiesen werden kann.

Die Ausbreitungsgeschwindigkeit von hertzschen Wellen:
Hertzsche Wellen werden analog zu mechanischen Wellen mit den Kenngrößen Amplitude, Periodendauer, Frequenz, Wellenlänge und Ausbreitungsgeschwindigkeit beschrieben (↗ S. 47).

Hertzsche Wellen benötigen zur Ausbreitung keinen Stoff. Sie breiten sich auch in Vakuum aus und das mit der größten Geschwindigkeit, die es gibt. Das ist die Lichtgeschwindigkeit:
$c = 300\,000\,\frac{\text{km}}{\text{s}}$

Wenn sich hertzsche Wellen in Luft oder anderen Stoffen ausbreiten, dann verringert sich ihre Ausbreitungsgeschwindigkeit geringfügig. Die Wellenlängen werden etwas kleiner.

Zwischen der Ausbreitungsgeschwindigkeit, der Wellenlänge und der Frequenz von Wellen, so auch von hertzschen Wellen, gibt es einen wichtigen gesetzmäßigen Zusammenhang.

> Bei allen Wellen gilt für die Ausbreitungsgeschwindigkeit:
> $c = \lambda \cdot f$ — λ Wellenlänge, f Frequenz

Ausbreitungsgeschwindigkeiten von Wellen in der Natur	
Schallwellen bei 20 °C	
in Luft	$344\,\frac{\text{m}}{\text{s}}$
in Wasser	$1\,484\,\frac{\text{m}}{\text{s}}$
in Stahl	$4\,900\,\frac{\text{m}}{\text{s}}$
Wasserwellen	
bei Sturm auf offenem Meer	$10\text{–}50\,\frac{\text{m}}{\text{s}}$
Tsunami auf offenem Meer	$>200\,\frac{\text{m}}{\text{s}}$
Erdbebenwellen (Oberflächenwellen)	$2\,000\text{–}4\,500\,\frac{\text{m}}{\text{s}}$
elektromagnetische Wellen (im Vakuum)	$300\,000\,\frac{\text{km}}{\text{s}}$

Damit ergibt sich z. B. bei einer Sendefrequenz von 88,8 MHz eine Wellenlänge von:

$$\lambda = \frac{c}{f}$$
$$\lambda = \frac{300\,000\,00\,\frac{\text{m}}{\text{s}}}{88\,800\,000\,000\,\frac{1}{\text{s}}}$$
$$\underline{\lambda = 3{,}38\text{ m}}$$

Die Frequenz einer Welle hängt nur von der Frequenz ihrer Entstehung ab und bleibt immer gleich, auch wenn die Welle von einem Stoff in einen anderen übergeht.
Die Ausbreitungsgeschwindigkeiten und damit die Wellenlängen hängen dagegen von den Stoffen ab, in denen sich die Wellen ausbreiten.

Aufgaben

1 Interpretiere die Gleichung: $c = \lambda \cdot f$
Orientiere dich an „So kannst du vorgehen“ auf der Seite 67.

2 Der Sender in einem Mikrowellenherd sendet hertzsche Wellen mit einer Frequenz von 2 450 MHz aus.
a) Berechne die Wellenlänge.
b) Warum nennt man solche Wellen Mikrowellen?

3 Ein Nachrichtensatellit befindet sich in 36 000 km Höhe über der Erdoberfläche. Berechne die minimale zeitliche Verzögerung zwischen einem Torschuss bei einem Fußballspiel und der Fernsehübertragung des Ereignisses per Satellit.

4 Erkunde die Frequenz, mit der dein Lieblingsrundfunksender hertzsche Wellen abstrahlt. Berechne die Wellenlänge dieser Wellen.

So kannst du vorgehen

Interpretieren von Gleichungen

In der Physik werden viele Zusammenhänge zwischen physikalischen Größen als Gleichungen angegeben.

Beim Interpretieren einer Gleichung geht es darum, die in der Gleichung enthaltenen physikalischen Zusammenhänge zu erkennen und sachgerecht zu deuten.

Interpretiere die Gleichung für die Ausbreitungsgeschwindigkeit von hertzschen Wellen:

$$c = \lambda \cdot f$$

► Schritt 1

Nenne die physikalischen Größen in der Gleichung.

Zwischen welchen Größen sind in der Gleichung Zusammenhänge dargestellt? Gehe auf wichtige Bedingungen ein, unter denen die Gleichung gilt.

Die Gleichung $c = \lambda \cdot f$ beschreibt Zusammenhänge zwischen der Ausbreitungsgeschwindigkeit c einer hertzschen Welle, ihrer Wellenlänge λ und der Frequenz f. Die Gleichung gilt für hertzsche Wellen.

► Schritt 2

Leite Zusammenhänge aus der Struktur der Gleichung ab.

Gehe beim Ableiten der Zusammenhänge zwischen physikalischen Größen z. B. auf direkte oder indirekte Proportionalität ein. Beachte Bedingungen, unter denen die Zusammenhänge gelten.

Unter der Bedingung, dass die Frequenz f konstant ist, gilt: $c \sim \lambda$

Bei konstanter Frequenz sind die Ausbreitungsgeschwindigkeit c und die Wellenlänge λ direkt proportional zueinander. Je größer in einem Stoff die Ausbreitungsgeschwindigkeit c ist, desto größer ist die Wellenlänge λ in ihm.

Unter der Bedingung, dass die Ausbreitungsgeschwindigkeit c hertzscher Wellen konstant ist, gilt: $\lambda \sim \frac{1}{f}$

Bei konstanter Ausbreitungsgeschwindigkeit sind Wellenlänge λ und Frequenz f umgekehrt proportional zueinander. Je größer die Frequenz ist, umso kleiner ist die Wellenlänge und umgekehrt.

► Schritt 3

Leite Folgerungen ab.

Es geht um Folgerungen, die sich aus den Zusammenhängen ergeben.

Geht eine hertzsche Welle von Luft in einen Isolator, z. B. Wasser, über, dann wird auch die Wellenlänge in Wasser kleiner als in Luft.

Bei 88,8 MHz ist die Wellenlänge in Luft nur halb so groß wie bei einer Frequenz von 44,4 MHz.

Handy und Multimedia

Elektrosmog

Was stimmt denn nun? Warum sind sich Wissenschaftler nicht einig?

Handystudie sieht KEINE Krebsgefahr

Handystudie: Vorsicht ist angebracht

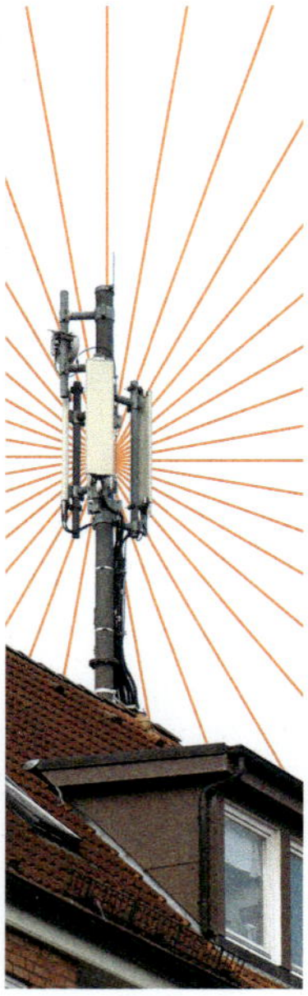

Radio, Fernsehen, Handy, WLAN, Bluetouth senden oder empfangen hertzsche Wellen, die Energie transportieren. Dringen die Wellen in unseren Körper ein, absorbiert dieser einen großen Teil der Energie. Er wird wärmer. Bei einer Energieaufnahme von 4 W pro Kilogramm Gewebemasse erhöht sich die Temperatur in 30 min um 1 K.

Elektrosmog steht für elektromagnetische Wechselfelder, die durch unsere Zivilisation verursacht werden. Ob sie unsere Gesundheit schädigen, ist umstritten. In Langzeitstudien wird der Gesundheitszustand von Menschen aufgezeichnet, die in der Nähe von Mobilfunksendern wohnen.

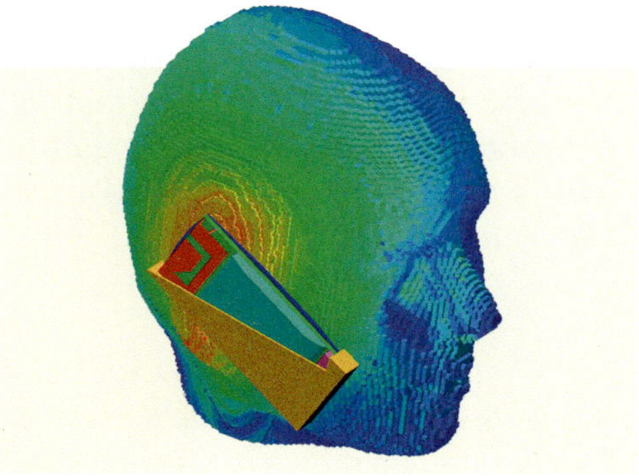

An Kunstköpfen wird untersucht, wie hertzsche Wellen kurzzeitig wirken.

- Erläutere die SAR-Verteilung auf der Kopfoberfläche beim Telefonieren.

> Zur Vermeidung gesundheitlicher Schäden soll ein Handy die spezifische Absorptionsrate (SAR-Wert) von 0,6 $\frac{\text{W}}{\text{kg}}$ nicht überschreiten.

- Welchen SAR-Wert hat dein Handy?

Fernsehsender senden im Bereich von Millionen Watt, ein Handy mit 2 W, eine WLAN-Station mit 10 bis 100 mW.

Beachte: Strahlung nimmt mit dem Quadrat der Entfernung ab. Ein Sender, der 1 cm entfernt ist, strahlt mit 1 $\frac{\text{MW}}{\text{m}^2}$, ein Sender, der 10 km entfernt ist, nur mit 1 $\frac{\mu\text{W}}{\text{m}^2}$. Ein Handy hältst du direkt ans Ohr.

- Begründe die Regeln im Kasten unten bei der Nutzung eines Handys.

Beachte folgende Regeln, um das Strahlungsrisiko zu verringern:
- Verwende das Handy nur, wenn nötig.
- Achte beim Kauf auf einen niedrigen SAR-Wert.
- Telefoniere nicht bei schlechtem Empfang, z. B. in Tunneln.
- Benutze Kopfhörer.
- Schreibe SMS, statt zu telefonieren.
- Warte den Verbindungsaufbau ab. Halte erst dann das Handy ans Ohr.

Wusstest du schon …

Das Handy – viel mehr als nur ein tragbares Telefon

Handys werden immer leichter und kleiner und sind unterdessen wahre Multimedia-Kommunikationszentren.

Wenn du mit einem Handy telefonierst, sendet es elektromagnetische Wellen aus und meldet sich bei einer **Basisstation** an. Die Basisstation übermittelt die Information an eine Vermittlungsstelle, einen zentralen Computer der Telefongesellschaft.
Das Gebiet, das eine Telefongesellschaft abdeckt, ist in **Funkzellen** aufgeteilt. In großen Städten haben die Zellen nur einen Durchmesser von etwa 100 m, auf dem Land sind die Zellen größer.
Den Telefongesellschaften steht nur ein begrenzter Frequenzbereich zur Verfügung. Trotzdem können möglichst viele mobile Teilnehmer gleichzeitig auf engstem Raum ohne Störungen telefonieren.
Basisstationen haben eine bestimmte Sendereichweite und verbinden die mobilen Teilnehmer mit dem digitalen D-Netz.

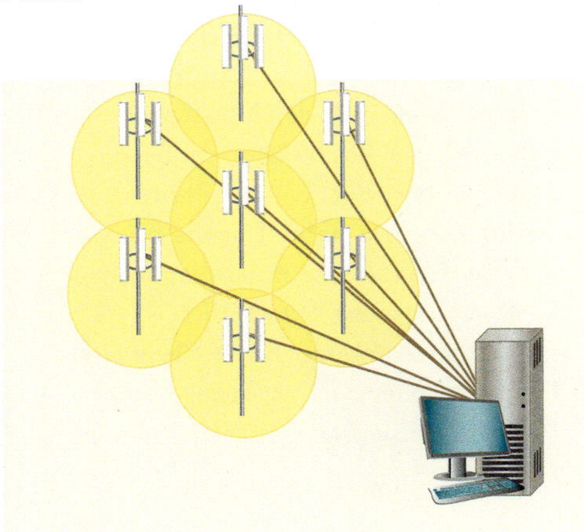

Das Netz arbeitet nach der **GSM-Norm** (engl. **G**lobal **S**ystems for **M**obile Communications). Das erhöht die Abhörsicherheit und ermöglicht die Verwendbarkeit von Handys in anderen Netzen und Ländern.
Wenn du die Nummer eines anderen Handybesitzers wählst, passiert Folgendes: Der Computer der Telefongesellschaft vermittelt das Gespräch zwischen den beiden Basisstationen, an denen die Handys angemeldet sind. Wenn sich die Basisstationen nah bei den Handys befinden, benötigen diese nur eine geringe Sendeleistung. Sie beträgt oft weniger als 2 Watt. Das führt zu längeren Bereitschaftszeiten des Handys. Außerdem macht es sie leichter und kleiner.

Aufgaben

1 _ Beschreibe, wie Mobilfunk funktioniert.

2 _ In den USA heißt ein Handy „cell phone“. Erläutere.

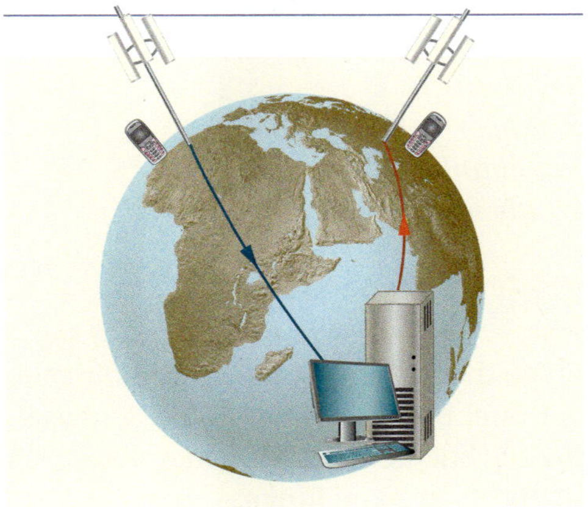

So kannst du vorgehen

Recherchieren im Internet

Immer wieder benötigst du Informationen, die im Lehrbuch nicht enthalten sind. Das Internet ist eine wichtige Informationsquelle. Um an die gewünschten Informationen zu kommen, nutze verschiedene Suchmaschinen oder die Homepage eines Internetlexikons.

Im Zusammenhang mit Handys und Navigationsgeräten taucht der Begriff Funkloch auf. Recherchiere, was ein Funkloch ist.

▶ Schritt 1

Wähle die Suchmaschine aus.

Gib über den Webbrowser die entsprechende Internetadresse ein.

▶ Schritt 2

Finde Suchbegriffe.

Überlege dir treffende Schlüsselwörter (Suchbegriffe). Eine Kombination von zwei Suchbegriffen durch ein Leerzeichen schränkt die Suche ein. Wenn du eine Wortverbindung genau so finden willst, setze sie in Anführungszeichen.

Suchbegriff:
funkloch
mobilfunk
handy und funknetz

▶ Schritt 3

Frage Informationen ab und prüfe sie.

Frage die Informationen durch Eingabe der Suchbegriffe in dem dafür vorgesehenen Suchfenster ab. Du erhältst oft mehrere Tausend Links.

Quelle der Recherche (06. 04. 2016): http://de.wikipedia.org/wiki/Funkloch

Tipp: Beachte, dass jede Person Informationen ins Netz stellen kann. Gehe daher kritisch mit Informationen um. Sicherer sind Informationen von Universitäten und staatlichen Einrichtungen. Prüfe, ob die Information bedeutsam ist.

Die unzähligen Informationen von Handyanbietern tragen wenig zur Beantwortung der Frage bei.

▶ Schritt 4

Wähle die Informationen aus und gib die Quellen an.

Wähle nur wesentliche Informationen aus. Gib zu jeder Information die Quelle an. Notiere auch das Datum, an dem du diese Information im Internet gefunden hast.

Ergebnis der Recherche zum Suchbegriff Funkloch:

Das Funkloch
„Ein Funkloch ist ein räumlicher Bereich, in dem eine Verbindung zwischen einem Sender und einem Empfänger nicht möglich ist.
Von Funklöchern spricht man bei Radio- und Fernsehempfang und im Mobilfunkbereich, wenn sich das Mobiltelefon außerhalb der Reichweite von Sendestationen befindet, bei der Positionsbestimmung via Satellit sowie beim Amateurfunk und beim professionellen Funk in Flug- und Schifffahrt.
Funklöcher entstehen hinter Hindernissen (Bergen) ... oder auch in Tunneln oder Parkhäusern bei Navigationsgeräten im Auto ..."

Wusstest du schon …

Typische Frequenzen und Wellenlängen

Hertzsche Wellen teilt man in unterschiedliche Bereiche ein. In der Tabelle sind einige in der Technik vorrangig genutzten Bereiche genannt. Sie sind nicht identisch mit den Frequenz- und Wellenlängenbereichen, die man üblicherweise in der Physik angibt (↗ S. 72).

Die Abbildung unten zeigt, wie sich die bei Rundfunk und Fernsehen genutzten hertzschen Wellen ausbreiten. Dabei ist bemerkenswert, dass nur Kurzwellen an leitenden Schichten der Erdatmosphäre reflektiert werden.
Die beim Mobilfunk genutzten Dezimeterwellen breiten sich weitgehend geradlinig zwischen Sender und Empfänger aus.
Das gilt auch für Meterwellen und Zentimeterwellen.

Bereich	Frequenz f	Wellenlänge λ	Anwendungen
Kurzwellen (KW oder MF)	3,95 – 26,1 MHz	75 – 10 m	Rundfunk, Flugfunk, Amateurfunk, CB-Sprechfunk
Meterwellen (VHF)	48,25 – 62,25 MHz 87,5 – 108 MHz 175,25 – 217,25 MHz	6,2 – 4,8 m 3,4 – 2,8 m 1,7 – 1,4 m	Fernsehen VHF Band I UKW-Rundfunk Fernsehen VHF Band III
Dezimeterwellen (UHF)	0,3 – 3 GHz 471,25 – 599,25 MHz 607,25 – 783,25 MHz 900 MHz, 1 800 MHz	10 – 1 dm 6,3 – 5 dm 4,9 – 3,8 dm 3,3 dm; 1,7 dm	Richtfunk, Radar Fernsehen UHF Band IV Fernsehen UHF Band V Mobilfunk

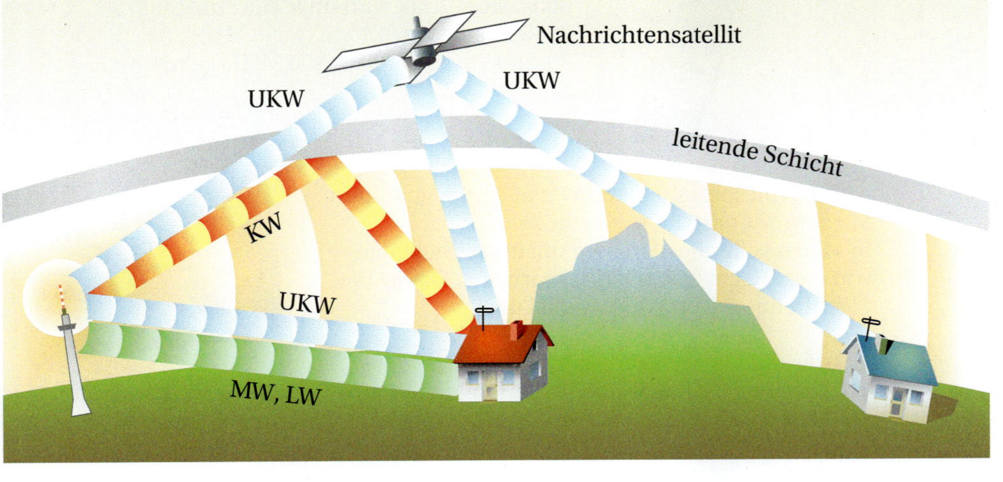

Ausbreitung hertzscher Wellen in verschiedenen Frequenzbereichen

Wusstest du schon …

Das elektromagnetische Spektrum im Überblick

Das elektromagnetische Spektrum kann durch die übertragene Energie charakterisiert werden, aber auch durch die dazugehörigen Wellenlängen und Frequenzen. Diese interessieren vor allem bei den verschiedenen Anwendungen der elektromagnetischen Wellen in Medizin und Technik.

Wellenlänge in m: 10^4 – 10^3 – 10 – 1 – 10^{-1} – 10^{-2} – 10^{-3}

Langwellen (LW), Mittelwellen (MW) und Kurzwellen (KW) sind hertzsche Wellen, die im Bereich des Rundfunks und des Sprechfunks genutzt werden.

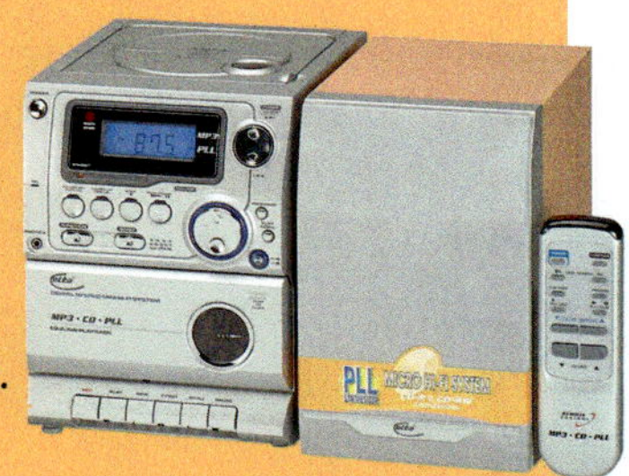

Kurzwellen in einem Wellenlängenbereich von 10 m ($3 \cdot 10^7$ Hz) bis 150 m ($2 \cdot 10^6$ Hz) werden im medizinischen Bereich verwendet.

Elektromagnetische Wellen können sich nicht nur in Stoffen, sondern auch im Vakuum ausbreiten. Sie benötigen also keinen Träger.

Elektromagnetische Wellen breiten sich mit Lichtgeschwindigkeit aus. Im Vakuum ist das die Lichtgeschwindigkeit von ca. 300 000 $\frac{km}{s}$, in Stoffen ist sie kleiner.

Ultrakurze Wellen (UKW, VHF, UHF) werden für die Informationsübertragung bei Rundfunk und Fernsehen angewendet. Funkfernbedienungen arbeiten meist mit einer Wellenlänge von 0,69 m (433 MHz).

Beim **Mobilfunk** wird im E-Netz mit einer Wellenlänge von 0,17 m (1 800 MHz), bei D1 und D2 mit 0,33 m (900 MHz) gearbeitet.

Mikrowellen werden mit speziellen Anordnungen, sogenannten Magnetrons oder Klystrons, erzeugt.
In **Mikrowellenherden** wird mit einer Wellenlänge von etwa 12 cm (2 450 MHz) gearbeitet. Das ist die Eigenfrequenz von Wassermolekülen.

Mikrowellen lassen sich auch zur Informationsübertragung, für Radar und in der Funknavigation nutzen. Sie werden im medizinischen Bereich zur Hochfrequenz-Wärmetherapie eingesetzt.

Wellenlänge in m

10^{-4}

10^{-5}

Infrarotes Licht (IR-Licht)
wird auch als Wärmestrahlung bezeichnet. Es wird von vielen Stoffen gut absorbiert und dringt tief in die Haut ein.
Sein Anteil an der Sonnenstrahlung beträgt etwa 38 %.

In der Technik wird IR-Licht bei Lichtschranken und Infrarotfernbedienungen genutzt.

Sichtbares Licht

10^{-7}

Ultraviolettes Licht (UV-Licht)
dringt in die äußeren Hautschichten ein, ruft Bräunung und bei zu intensiver Bestrahlung Sonnenbrand hervor. Zu unterscheiden ist zwischen dem langwelligen UV(A) und dem biologisch besonders wirksamen kurzwelligen UV(B).

10^{-8}

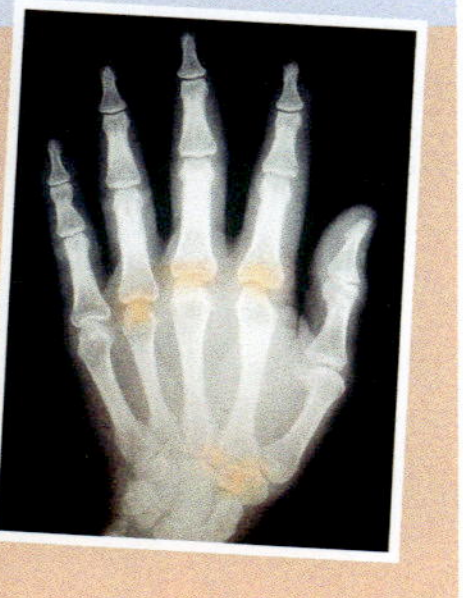

Röntgenstrahlung
ist kurzwellige elektromagnetische Strahlung mit großer Durchdringungsfähigkeit. Erzeugt wird sie in Röntgenröhren. Da Gewebe und Knochen die Strahlung unterschiedlich absorbieren, kann man mit Röntgenstrahlung ins Körperinnere „hineinsehen“. Hohe Dosierung führt zur Schädigung von Körperzellen.

10^{-9}

Gammastrahlung
entsteht beim radioaktiven Zerfall von Atomkernen. Sie ist energiereich und hat eine große Durchdringungsfähigkeit.

10^{-10}

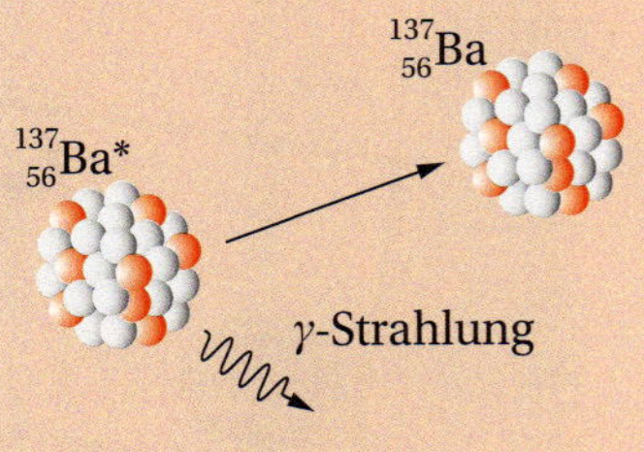

Kosmische Strahlung (Höhenstrahlung)
ist sehr energiereiche Strahlung aus dem Weltraum.

10^{-11}

10^{-12}

Das hast du gelernt

Handy und Multimedia

Hertzsche Wellen gehören zum elektromagnetischen Spektrum.

Mit hertzschen Wellen werden Informationen übertragen.

Hertzsche Wellen können gesundheitliche Schäden hervorrufen.

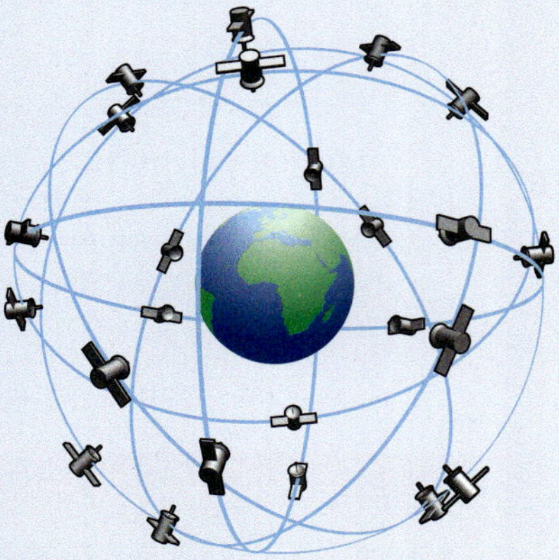

Wie kann ich durch mein Verhalten die Strahlenbelastung verringern?

Eigenschaften hertzscher Wellen:
- Sie werden von leitenden Materialien reflektiert.
- Sie durchdringen nicht leitende Materialien.
- Sie breiten sich geradlinig mit Lichtgeschwindigkeit aus.

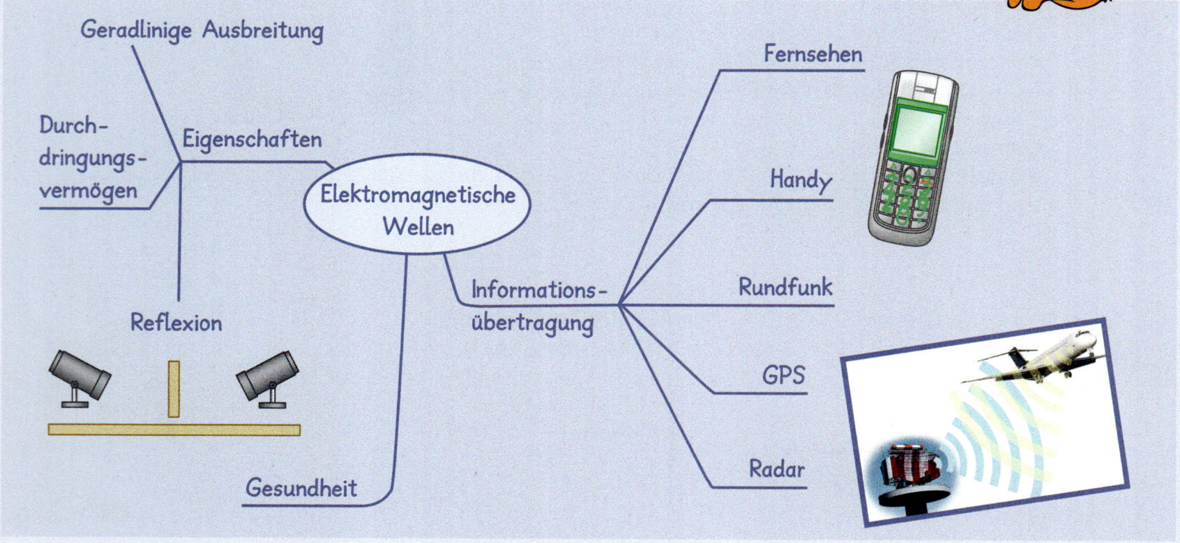

Löse mit Köpfchen

1. Hertzsche Wellen überall

Unsere Sinne können hertzsche Wellen nicht wahrnehmen. Deshalb bemerken wir ihre ständige Gegenwart im Alltag nicht.
Veranschauliche mit einer Skizze, wer wozu hertzsche Wellen in einer Stadt verwendet.

2. Handy im Experiment

Der Handyempfang ist mal besser und mal schlechter. ↗ S. 26

a) Plane Experimente, mit denen du herausfinden kannst, welche Bedingungen den Empfang beeinflussen. Fertige Skizzen an.
b) Führe die Messungen durch. Fasse die Ergebnisse zusammen.
c) Formuliere aufgrund deiner Ergebnisse eine Verhaltensregel für das Telefonieren mit dem Handy.

3. Handyortung

Es ist technisch möglich, den Ort eines eingeschalteten Handys innerhalb einer Ortschaft auf 50 m genau zu bestimmen.

a) Beschreibe, wie man das macht.
b) Diese Art der Ortung ist stark umstritten. Stelle Vor- und Nachteile in einer Tabelle gegenüber. Äußere zusammenfassend deine Meinung.

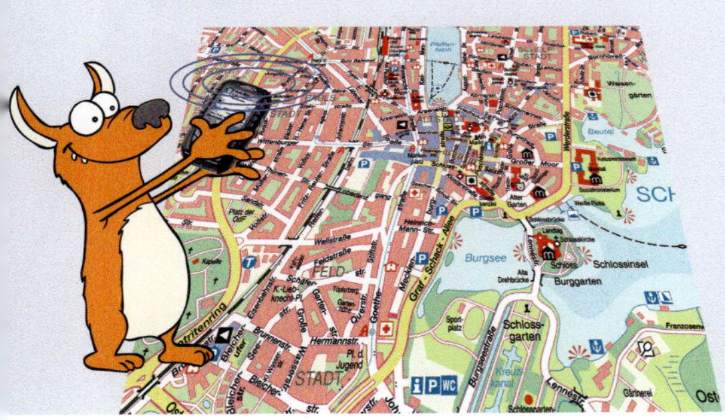

4. Strahlung eines Sendemasts

Die Stärke der hertzschen Wellen, die ein Sendemast abstrahlt, wird in mehreren Abständen vom Sendemast gemessen.

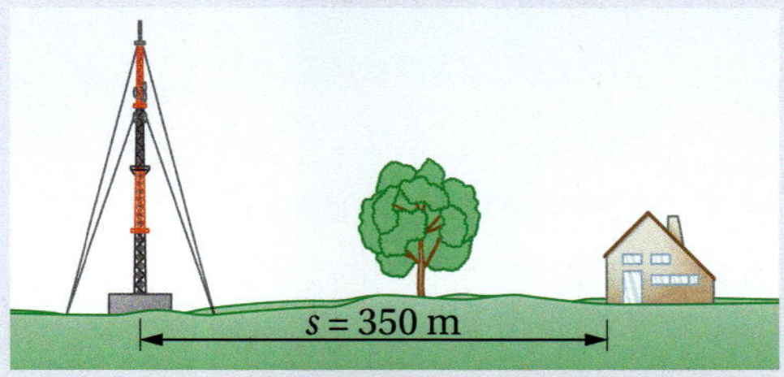

Die Messwerte werden in einem *Abstand-Intensität*-Diagramm dargestellt:

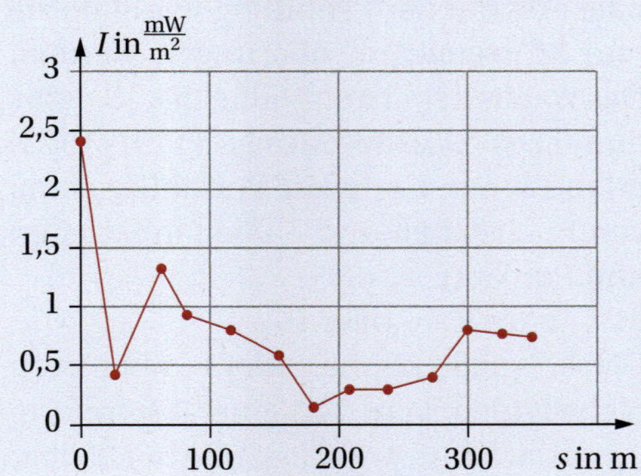

I ist die Intensität, mit der die Energie der Strahlung je Sekunde auf eine Fläche von 1 m² trifft.

a) Zeichne ein *I(s)*-Diagramm, wie sich allgemein die Intensität einer Strahlung mit zunehmender Entfernung von der Quelle verändert. Begründe den Verlauf des Graphen.
b) Vergleiche den Verlauf des skizzierten Graphen mit dem *I(s)*-Diagramm von Aufgabe a. Interpretiere die Abweichungen mithilfe des abgebildeten Geländeausschnitts.

5. Luftraumüberwachung mit Radar

Die Reflexion von hertzschen Wellen wird zur Radarortung genutzt. Erkunde, wie diese funktioniert. ↗ S. 70

Digitale Welt

Analoge und digitale Signale

Erst mit der Digitalisierung von Daten wurden viele technische Anwendungen möglich. Analog, digital – worin besteht der Unterschied?

Erforsche es

Über größere Entfernungen konnten Signale erst mit der Erfindung von Batterie und Morsetelegraf übertragen werden. Das war in der ersten Hälfte des 19. Jahrhunderts. SAMUEL MORSE (1791–1872) erfand einen Code zur Verschlüsselung von Buchstaben und Zahlen in Strichen und Punkten:
M – – oder R · – · oder 1 · – – – –
Diese Signale können Klopf-, aber auch Lichtsignale sein. Mit einer Morsetaste lassen sich nur zwei Zustände herstellen:
(1) Strom fließt und
(2) Strom fließt nicht.

Alphabet von Morse
Kurzes Signal: Punkt ·
Langes Signal: Strich –

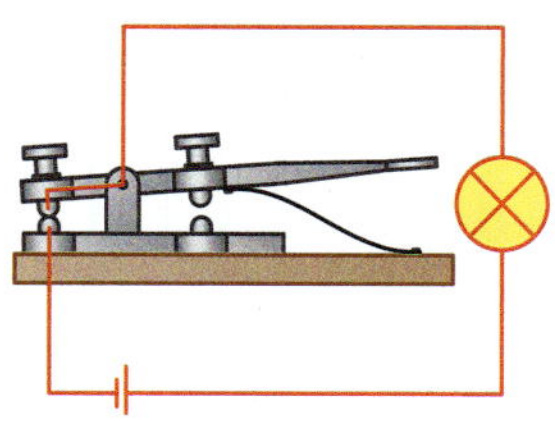

1. Informiere dich im Internet über das Morsealphabet und die Morsezeichen.
2. Baue ein Licht-Morsegerät. Sende den Notruf SOS. Übertrage einen ganzen Satz.

Telefongespräche oder Fernsehsendungen werden durch analoge oder digitale Signale übertragen. Von **Signalen** spricht man, wenn sich die Veränderung einer physikalischen Größe durch Messgeräte oder Nachweisgeräte erfassen lässt.

Bei **analogen Signalen** ändert sich diese physikalische Größe kontinuierlich zwischen einem maximalen und einem minimalen Wert. So schwankt z. B. die Spannung, die in einem dynamischen Mikrofon entsteht, im Takt der Sprache oder der Musik. Das Mikrofon wandelt Sprache und Musik in Spannungsschwankungen um, sodass diese übertragen werden können.

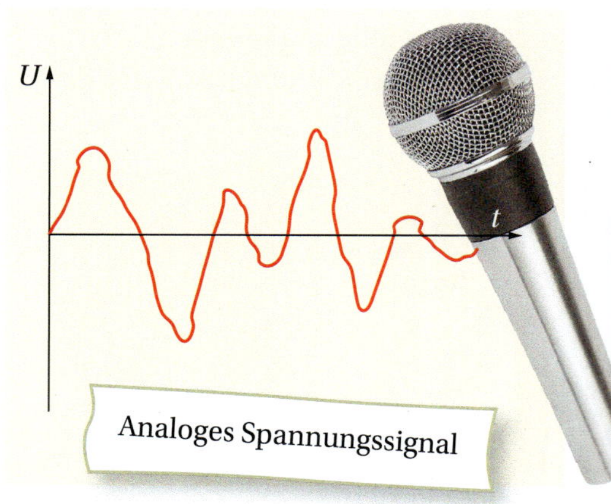

Analoges Spannungssignal

Wusstest du schon …

Bildübertragung mit einem Handy

Zur Informationsübertragung werden hertzsche Wellen nach einem festgelegten Code ein- und ausgeschaltet.

- Jeder der 10 Graustufen eines Schwarz-Weiß-Bilds wird eine Zahl zugeordnet:

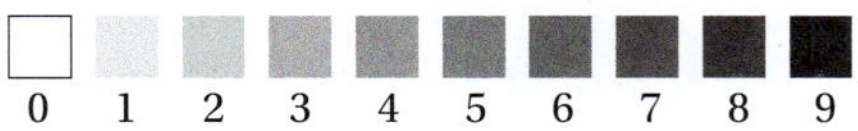

- Ein Bild, z. B. das von SAMUEL MORSE, wird in einzelne Teile zerlegt, in Pixel.

- Jedem Pixel wird ein Grauton zugeordnet. Die zugehörige Zahl wird zusammen mit den Koordinaten für die Lage des Pixels gesendet.

Im Unterschied dazu gibt es bei **digitalen Signalen** nur zwei Zustände. Sie werden unterschiedlich bezeichnet, meinen aber dasselbe:
- ein oder aus,
- high oder low,
- L oder O,
- 1 oder 0.

Für die elektrische Spannung als digitales Signal bedeutet das: Spannung vorhanden oder keine Spannung vorhanden.

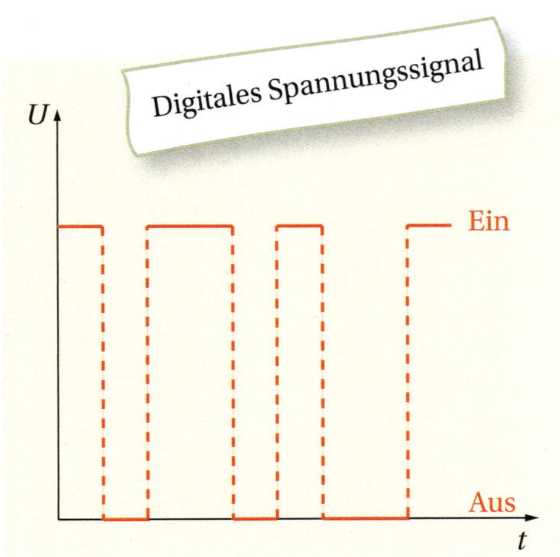

Analoge Signale sind durch eine kontinuierliche Veränderung physikalischer Größen charakterisiert. Bei digitalen Signalen gibt es nur zwei Zustände.

Analoge und digitale Signale können ineinander umgewandelt werden. Näheres dazu erfährst du auf den folgenden Seiten.

Aufgaben

1 Es gibt Uhren mit analoger und digitaler Anzeige. Worin unterscheiden sich diese Anzeigen?

2 Begründe, warum die Messung der Änderung der Helligkeit im Freien ein Beispiel für analoge Signale ist. Erläutere zwei weitere Beispiele.

3 Erläutere den Zusammenhang zwischen Bildqualität und übertragener Datenmenge. +

Vorteile von digitalen Signalen: Beim Schreiben, Zeichnen oder Berechnen von physikalischen Größen mit der Hand auf Papier erzeugst du analoge Daten. Es ist sehr umständlich, sie zu ändern oder weiterzuverwenden.

Am Computer ist es dagegen leicht. Dafür sorgen spezielle Programme für das Schreiben, Zeichnen, Berechnen und grafische Darstellen von Zusammenhängen. Schriftgröße, Schriftart, Korrekturen, Zeilen einfügen oder löschen, Farbe wechseln: kein Problem. Digitale Signale können mit moderner Elektronik und Computertechnik gut verarbeitet werden. Auch ihre Übertragung ist weitgehend störungsfrei möglich.

Analog-Digital-Wandler (AD-Wandler) wandeln analoge in digitale Signale um. Digitale Signale werden durch **Digital-Analog-Wandler** (DA-Wandler) in analoge Signale umgewandelt.

Beispiel Tonstudio: Es wird Musik aufgenommen. Dabei treffen Schallwellen auf ein Mikrofon. Das Mikrofon wandelt die Druckschwankungen der Luft in Spannungsschwankungen um. Da diese meist sehr klein sind, werden sie zunächst verstärkt. Die Form der Signale ändert sich dadurch nicht.
Die verstärkten analogen elektrischen Signale treffen auf einen AD-Wandler und werden dort in digitale Signale umgewandelt. Bei Bedarf können sie noch bearbeitet werden, bevor sie auf der Festplatte eines Computers, auf einem Chip oder einer DVD gespeichert werden.
Um die Signale wieder hörbar zu machen, werden sie in einem DA-Wandler in analoge Signale umgewandelt, verstärkt und treffen auf einen Lautsprecher. Der Lautsprecher wandelt die Spannungsschwankungen wieder in Druckschwankungen der Luft um. Wir hören die Musik.

Aufgaben

1 Erläutere die Wandlung, Übertragung und Speicherung von Signalen in einem Tonstudio. Nutze die Abbildung unten und ergänze sie.

2 Vervollständige in deinem Heft die Abbildung bis zum Hören von Musik.

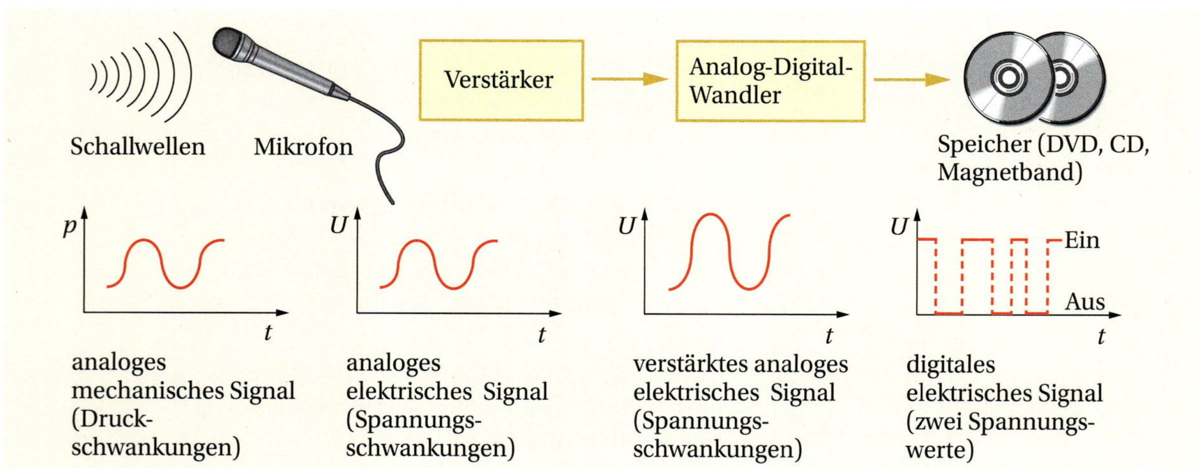

Erforsche es

Umwandlung von Signalen bei Mikrofon und Lautsprecher

Nach zahlreichen Versuchen mit unterschiedlichen Anordnungen gelang es GRAHAM BELL (1847–1922) am 10. März 1876, menschliche Sprache zu übertragen. Der erste übertragene Satz soll gewesen sein: „Watson, kommen Sie hierher, ich brauche Sie nötig.“ THOMAS A. WATSON war der Laborgehilfe von BELL.

Gravierende Veränderungen vollzogen sich mit der Entwicklung der Mikroelektronik. Bis dahin war der Telefonbetrieb immer drahtgebunden. Nun begann die Entwicklung des Mobilfunks.

1. Stellt wichtige Etappen der Entwicklung der Telefonie auf einem Lernplakat dar. Zeigt gesellschaftliche Veränderungen auf, die mit der Entwicklung der Telefonie bis heute einhergingen.

Das erste Mikrofon erfand THOMAS ALVA EDISON (1847–1931). Die Abbildung oben rechts zeigt den Aufbau des Kohlekörnermikrofons. Die Schallschwingungen üben unterschiedliche Druckkräfte auf die Membran und damit auf die Kohlekörner aus.

2. Baut das Modell eines Kohlekörnermikrofons. Untersucht den Zusammenhang zwischen dem Betrag der Kraft und der Stromstärke bei konstanter Spannung.
   Verwendet anstelle des Mikrofons eine Streichholzschachtel, die mit Kohlekörnern gefüllt ist.

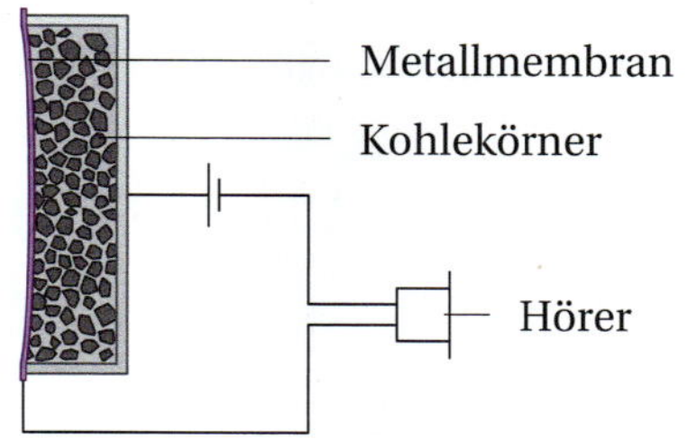

3. Die Abbildung zeigt den Aufbau eines dynamischen Mikrofons. Dabei wird die elektromagnetische Induktion genutzt.

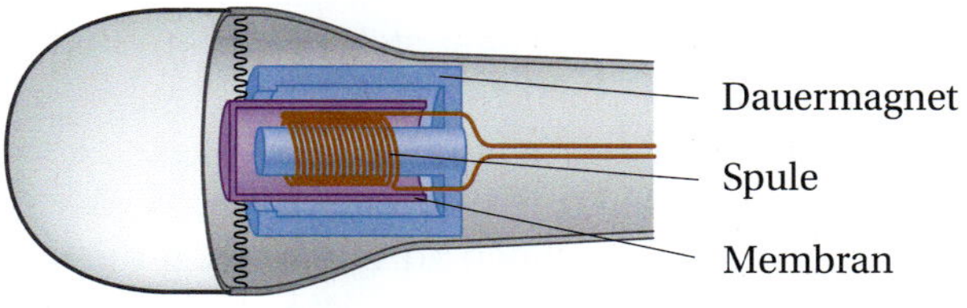

   Beschreibt den Aufbau eines dynamischen Mikrofons und erklärt seine Wirkungsweise.

4. In einem Lautsprecher wird Schall durch das Schwingen eines kleinen, beweglichen Elektromagneten (Schwingspule) erzeugt.
   Erklärt die Wirkungsweise des Lautsprechers.

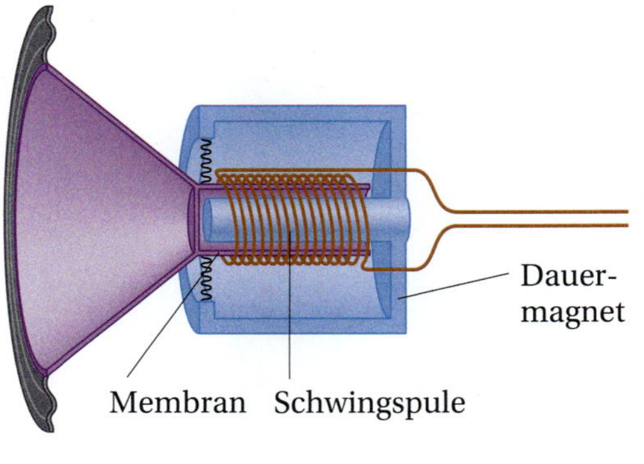

Wie schwingt die Membran bei leisen und bei lauten Tönen, wie bei tiefen und bei hohen Tönen?

Digitale Welt

Das Brechungsgesetz

Wovon hängt es ab, wie stark Licht gebrochen wird?
Was ist die Ursache für die Brechung von Licht?

Weitere Ausbreitungsgeschwindigkeiten des Lichts findest du in der Tabelle auf der gegenüberliegenden Seite.

Die Brechung des Lichts hängt von den Stoffen ab, zwischen denen es übergeht. Stoffe haben unterschiedliche **optische Dichten.** Was bedeutet das?
Das Licht breitet sich in diesen Stoffen unterschiedlich schnell aus:
In Luft beträgt die Geschwindigkeit etwa 300 000 $\frac{km}{s}$, in Wasser 225 000 $\frac{km}{s}$. Wasser ist im Vergleich zu Luft optisch dichter, weil sich das Licht in Wasser mit kleinerer Geschwindigkeit ausbreitet.

Beim Übergang des Lichts von einem optisch dichten Stoff in Luft wird es vom Lot weggebrochen.

Wie stark Licht gebrochen wird, hängt aber auch vom Einfallswinkel ab:
- Je größer der Einfallswinkel ist, desto stärker wird Licht gebrochen.
- Beim Einfallswinkel $\alpha = 0°$ fällt das Licht senkrecht auf eine Grenzfläche und wird nicht gebrochen.

Licht wird gebrochen

Wenn Licht schräg auf die Grenzfläche von zwei lichtdurchlässigen Stoffen fällt, dann wird es gebrochen. Dabei liegen einfallender Strahl, Lot und gebrochener Strahl in einer Ebene. Es gilt das **Brechungsgesetz**.

Trifft ein Lichtstrahl schräg von Luft auf Glas oder Wasser, so wird er an der Grenzfläche zum Lot hin gebrochen.

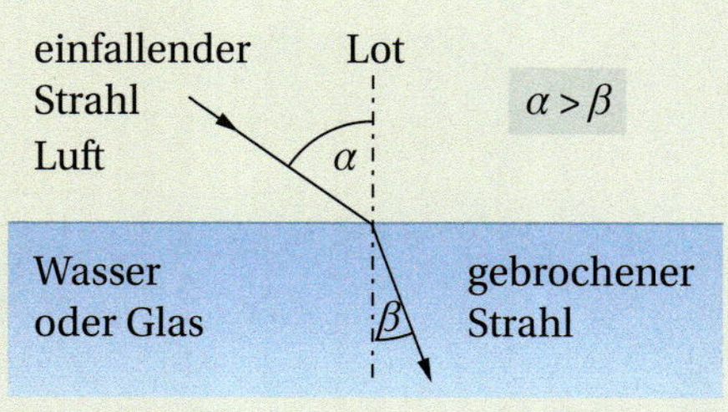

Trifft ein Lichtstrahl schräg von Glas oder Wasser auf Luft, so wird er an der Grenzfläche vom Lot weg gebrochen.

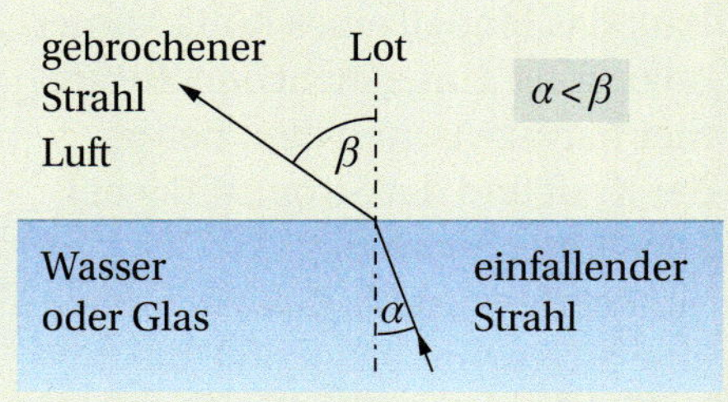

Erforsche es

Zusammenhang zwischen Einfalls- und Brechungswinkeln

Untersuche, wie Einfallswinkel und Brechungswinkel zusammenhängen, wenn Licht von Luft in Glas übergeht. Ermittle, aus welchem Stoff eine gegebene Halbkreisscheibe besteht.

Vorbereitung:

a) Interpretiere das Brechungsgesetz.

b) Übernimm die Messwertetabelle oben in dein Protokoll.

Durchführung:

a) Miss mit der Anordnung auf der Seite 80 oben für neun Einfallswinkel die zugehörigen Brechungswinkel.

b) Trage die Messwerte in dein Protokoll ein.

α	0°	10°	20°	30°	40°	50°	60°	70°	80°
β	0°								

Auswertung:

a) Fertige ein $\beta(\alpha)$-Diagramm an und interpretiere es.

b) Ermittle die Lichtgeschwindigkeit als Mittelwert aus drei selbst gewählten Winkelpaaren.

c) Aus welchem Stoff besteht die Halbkreisscheibe? Nutze die Tabelle unten.

d) Welche Ursachen haben mögliche Abweichungen?

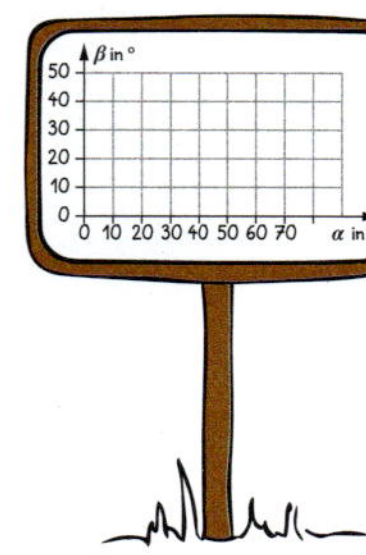

Zwischen dem Einfallswinkel, dem Brechungswinkel und den Geschwindigkeiten des Lichts in beiden Stoffen bestehen gesetzmäßige Zusammenhänge.

Diese Zusammenhänge werden im **Brechungsgesetz** zusammengefasst:

Wenn Licht unter einem Einfallswinkel $\alpha \neq 0$ von einem Stoff in einen anderen übergeht, so gilt:

$$\frac{\sin\alpha}{\sin\beta} = \frac{c_1}{c_2}$$

α Einfallswinkel
β Brechungswinkel
c_1 Lichtgeschwindigkeit in Stoff 1
c_2 Lichtgeschwindigkeit in Stoff 2

Einfallender Strahl, Einfallslot und gebrochener Strahl liegen in einer Ebene.

Zwischen Einfallswinkel und Brechungswinkel gibt es also keinen linearen Zusammenhang.

■ Was bedeutet optische Dichte? Begründe, warum Wasser und Glas optisch dichter als Luft sind.

Stoff	c in $\frac{\text{km}}{\text{s}}$	Optische Dichte
Vakuum	299 792 ≈ 300 000	↓
Luft	299 711 ≈ 300 000	
Wasser	225 000	
Plexiglas	201 000	
Kronglas		
leicht	199 000	
schwer	186 000	
Flintglas		
leicht	186 000	
schwer	171 000	
Diamant	124 000	

Digitale Welt

Informationsübertragung mit Licht

Glasfaserkabel übertragen Informationen auf „verschlungenen" Wegen. Ursache ist die Totalreflexion.

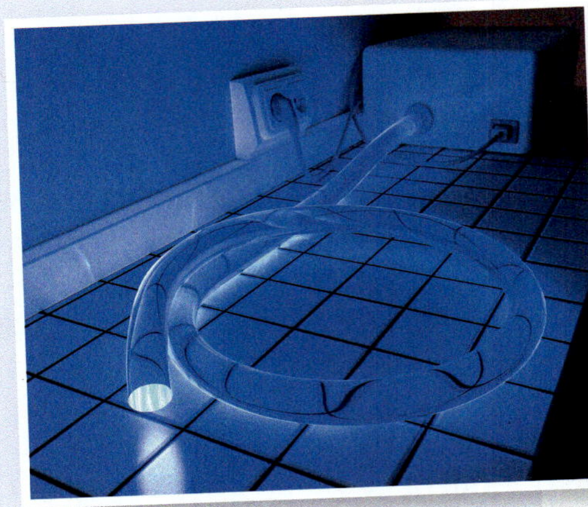

Glasfaserkabel werden auch Lichtleiter genannt.

Telefongespräche, Rundfunk- und Fernsehprogramme oder Computerdaten werden immer häufiger mit Glasfaserkabeln übertragen.
Im Vergleich zu Kupferkabeln sind sie relativ leicht und flexibel. Zugleich können mehr Daten in besserer Qualität übertragen werden.
Glasfaserkabel leiten Licht auf „verschlungenen" Wegen. Ursache ist die **Totalreflexion.** Sie tritt an Grenzflächen auf, an denen das Licht vom Lot weg gebrochen wird (Abb. a).
Der Winkel, bei dem der Brechungswinkel gerade 90° beträgt, heißt **Grenzwinkel der Totalreflexion** α_G (Abb. b) und kann mit dem Brechungsgesetz berechnet werden. Für alle Einfallswinkel $\alpha > \alpha_G$ tritt Totalreflexion auf (Abb. c).

Mit $\beta = 90°$ ist $\sin \beta = \sin 90° = 1$. Eingesetzt in das Brechungsgesetz ergibt sich für den Grenzwinkel α_G: $\sin \alpha_G = \frac{c_1}{c_2}$

Grenzwinkel der Totalreflexion	
Übergang	α_G
Wasser - Eis	79,3°
Wasser - Luft	48,6°
Plexiglas - Luft	42,1°
leichtes Kronglas - Luft	41,6°
leichtes Flintglas - Luft	38,3°
Diamant - Luft	24,4°

a) Brechung

b) Brechung

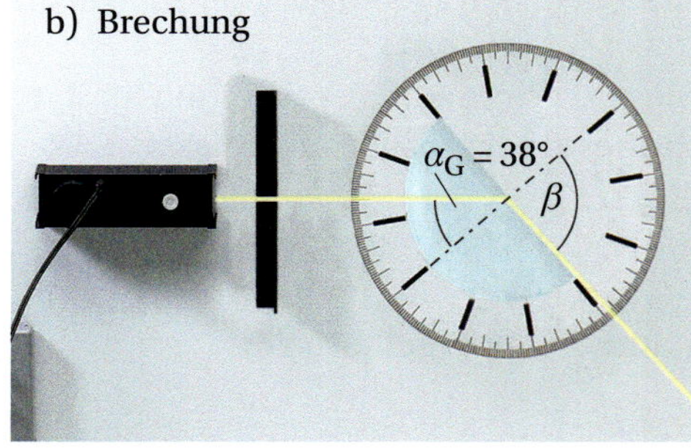

c) Totalreflexion

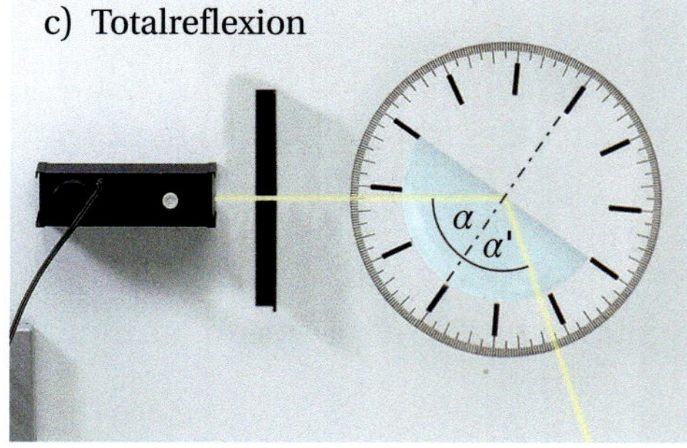

Erforsche es

Grenzwinkel der Totalreflexion

Bestimme für den Übergang des Lichts von Glas in Luft den Grenzwinkel der Totalreflexion.

a) Lass ein schmales, paralleles Lichtbündel wie in der Abbildung rechts auf die Grenzfläche Glas-Luft fallen.

b) Bestimme mehrmals den Einfallswinkel und berechne den Mittelwert.

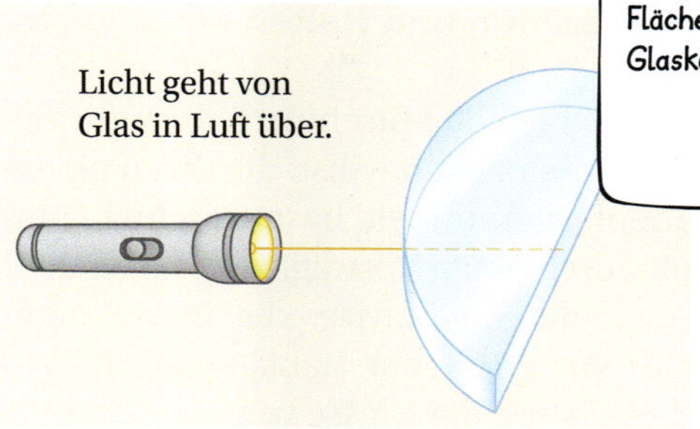

Übergang des Lichts von Glas in Luft: Der Grenzwinkel der Totalreflexion beträgt 38°. Das Licht im Versuch oben auf der Seite 82 muss also unter einem größeren Winkel in die Glasfaser gelangt sein.

Das Material des Mantels einer Glasfaser ist so gewählt, dass an ihm das Licht bei ausreichend großem Einfallswinkel mehrfach reflektiert wird. Es verbleibt in der Faser und wird in ihr fortgeleitet.

Der Durchmesser einer Glasfaser beträgt nur Bruchteile eines Millimeters. Das Glas, aus dem die Fasern bestehen, ist etwa 50 000-mal durchsichtiger als Fensterglas.

- Beschreibe die Totalreflexion in einer Glasfaser.

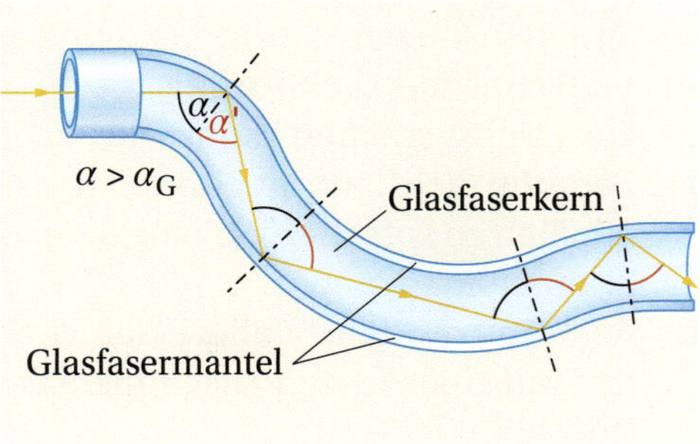

Informationsübertragung mit Lichtleitern: Um elektrische Signale, z. B. von Computern, Fernsehkameras oder Mikrofonen, mit Lichtleitern zu übertragen, werden die Signale in Lichtimpulse umgewandelt und in Lichtleiter eingespeist.

Die hohe Durchsichtigkeit des Glasfaserkerns sorgt dafür, dass die Lichtimpulse bei ihrer Übertragung über weite Strecken kaum geschwächt werden. Bei langen Strecken werden Verstärker dazwischengeschaltet.

Am anderen Ende des Lichtleiters werden die Lichtimpulse wieder in elektrische Signale umgewandelt. Das geschieht z. B. mithilfe von Fotodioden.

Weitere Anwendungen von Lichtleitern in Medizin und Technik findest du unter „Erforsche es“ auf der Seite 85.

Aufgaben

1 Welche Vorteile haben Glasfaserkabel im Vergleich zu Kupferkabeln bei der Übertragung von Informationen?

2 Beschreibe, wie mit Lichtleitern Informationen übertragen werden.

So kannst du vorgehen

Vorbereiten und Halten eines Vortrags

Wenn du allen Mitschülern die Informationen vorstellen willst, die du zu einem Thema gesammelt hast, geschieht das oft durch einen Vortrag.
Auch die Ergebnisse, die ihr in einer Gruppe erarbeitet habt, stellt ihr auf diese Weise der Klasse vor.

Informationsquellen

Elektronische Medien
Film, Fernsehen, DVDs

Literatur
Lexika, Sachbücher, Zeitschriften

Schulbücher
Lehrbücher, Tabellenwerke, Schülerlexika

Internet
Suchmaschinen, Direktsuche, z. B. www.wikipedia.de

▶ Schritt 1

Bereite den Vortrag vor.
Beachte bei der Vorbereitung des Vortrags folgende Hinweise:
a) Überlege dir, was alles zum Thema gehört. Nutze dazu verschiedene Informationsquellen.
b) Gliedere den Vortrag in Abschnitte.
c) Schreibe dir Schwerpunkte in Kurzform (in Stichwörtern) auf.
d) Überlege dir, was du an die Tafel schreiben oder projizieren willst.
e) Bereite Versuchsanordnungen vor und stelle Geräte bereit.

Lichtleiter in Medizin und Technik

- Endoskopie – der Blick ins Innere
- Beleuchtung und Lichteffekte
- Schnelle Datenbahn – Lichtleiter zur Informationsübertragung

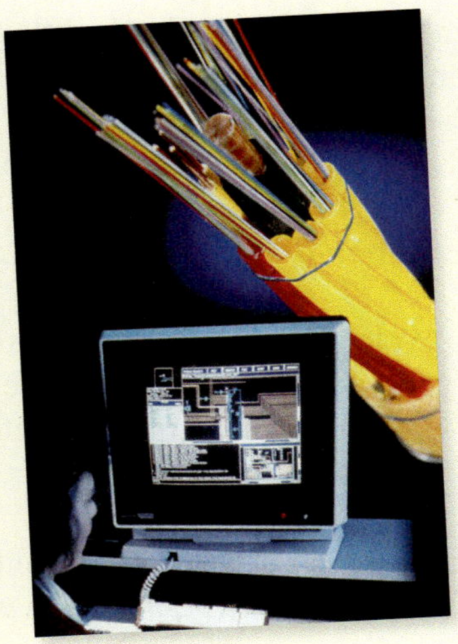

▶ Schritt 2

Halte den Vortrag.
Beachte folgende Tipps:
a) Wecke am Anfang des Vortrags Interesse und Neugier und nenne das Thema. Beginne beispielsweise mit „Wusstet ihr überhaupt, dass …?“ oder „Hättet ihr gedacht, dass …?“.
b) Nenne und zeige die Gliederung (Tafel, Folie).
c) Leite neue Absätze deutlich ein, z. B. mit „Ein weiterer Punkt ist …“ oder „Als Nächstes …“, „Ich komme nun zum Experiment …“.
d) Sprich in kurzen Sätzen.
e) Verwende nur Fachbegriffe, die du auch selbst erklären kannst.
f) Bemühe dich, laut, langsam und deutlich zu sprechen. Schaue deine Zuhörer an.
g) Achte auf die Zeit. Schließe den Vortrag mit einer kurzen Zusammenfassung ab.

Erforsche es

Lichtleiter in Medizin und Technik

In der Medizin verwendet man Lichtleiter in Endoskopen (*endo,* griech. = innen, *scopein,* griech. = betrachten) für die medizinische Diagnostik und für operative Eingriffe. Spezialisierte Endoskope verfügen über einen CCD-Bildwandlerchip, den man sich als eine miniaturisierte Fernsehkamera vorstellen kann (Videoendoskopie). Dadurch ist eine Bildschirmwiedergabe möglich.

1. Erkundet, für welche Untersuchungen Endoskope in der Medizin verwendet werden. Wie sind sie aufgebaut und wie funktionieren sie?

2. Endoskope setzen sich immer stärker auch in der Technik durch. Recherchiert in unterschiedlichen Quellen, wofür sie in der Technik verwendet werden. Wertet die Informationen kritisch aus.

Lichtleiter werden in zunehmendem Maße auch zur Beleuchtung und zum Erzielen besonderer Lichteffekte genutzt. Die Abbildung rechts unten zeigt ein Beispiel aus der Autoindustrie.

3. Erkundet, in welchen Bereichen klassische Beleuchtungssysteme durch Lichtleiter ersetzt werden. Welche Anwendungen findet ihr im Alltag?

4. Wegen des großen Datenaufkommens zwischen Nordamerika und Europa werden Tiefseekabel zur Informationsübertragung genutzt. Sie bestehen mittlerweile auch aus Glasfasern. Welche Besonderheiten ergeben sich bei ihrer Verlegung in der Tiefsee?

5. Dokumentiert die Ergebnisse aller Anwendungsbereiche von Lichtleitern. Erstellt ein Lernplakat. Macht den Nutzen der Lichtleiter für Mensch und Gesellschaft deutlich.

Über große Distanzen sind Tiefseekabel eine Alternative zur Datenübertragung durch Satelliten.

Das hast du gelernt

Digitale Welt

Analoge Signale sind durch eine kontinuierliche Veränderung physikalischer Größen charakterisiert.

Bei **digitalen Signalen** gibt es nur zwei Zustände: ein oder aus.

Analoge und digitale Signale können ineinander umgewandelt werden.

Analog-Digital-Wandler (AD-Wandler) wandeln analoge in digitale Signale um. Digitale Signale werden durch **Digital-Analog-Wandler** (DA-Wandler) in analoge Signale umgewandelt.

Mikrofone wandeln Schall in elektrische Signale um, **Lautsprecher** wandeln elektrische Signale in Schall um.

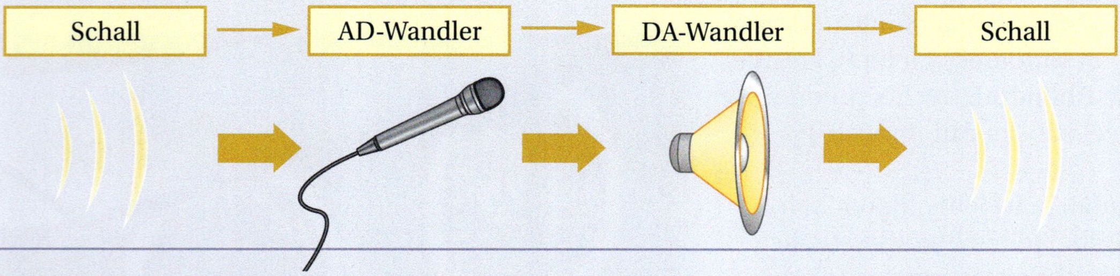

Lichtleiter übertragen Informationen mithilfe von Licht. Dabei wird die Totalreflexion genutzt.
Anwendungen:
- Endoskopie in Medizin und Technik
- Beleuchtung
- Datenübertragung

Löse mit Köpfchen

1. Analog und digital

Erläutere an einem Beispiel den Unterschied von analogen und digitalen Signalen. Nimm Skizzen zu Hilfe.
Welche Vorteile hat die digitale Informationsübertragung gegenüber der analogen Informationsübertragung?

2. AD- und DA-Wandler

Beschreibe die Erzeugung, Umwandlung, Übertragung und erneute Umwandlung von Schall in Schall an einem Beispiel. Zeichne eine Grafik.

3. Mikrofon = Mikrofon?

Jedes Mikrofon enthält eine Membran, die vom auftreffenden Schall in Schwingungen versetzt wird.

Im Vergleich zu einem dynamischen Mikrofon muss das Mikrofon in einem Handy (Elektretmikrofon) besonders klein, leicht und robust sein.
Vergleiche Aufbau und Wirkungsweise von dynamischem Mikrofon und Elektretmikrofon.

4. Lautsprecher – ein umgekehrtes dynamisches Mikrofon?

Jannik behauptet: „Wie ein Lautsprecher funktioniert, muss ich mir nicht extra merken. Es reicht, wenn ich die Wirkungsweise eines dynamischen Mikrofons kenne."
Bewerte Janniks Aussage.

5. Vielseitiges Glas

Die Verwendung von Lichtleitern in Medizin und Technik, aber auch im Alltag, wird immer umfangreicher.
Beschreibt einem Laien, wie ein Lichtleiter funktioniert. Nutzt auch das Internet. Diskutiert eure Beschreibungen.

6. Der Blick ins Innere

Mit einem Endoskop kann ein Arzt innere Organe eines Menschen betrachten. Um z. B. den Magen zu untersuchen, wird das schlauchartige Instrument durch die Speiseröhre des Patienten eingeführt.

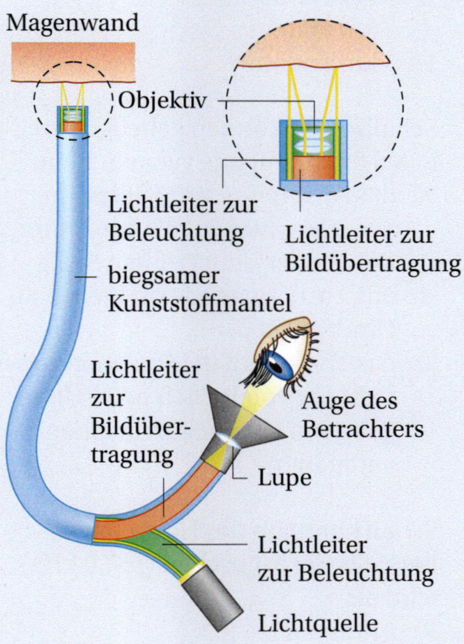

a) Erkunde, für welche Untersuchungen Endoskope verwendet werden.
b) Wie sind Endoskope in der Medizin aufgebaut und wie funktionieren sie?

Teste dich selbst

Wähle aus.

1 Die Frequenz einer Schwingung gibt an, wie viele Schwingungen in einer Sekunde ablaufen. Das Formelzeichen und die Einheit sind:
- A T und eine Sekunde (1 s)
- B v und ein Meter durch Sekunde $(1\,\frac{\text{m}}{\text{s}})$
- C f und ein Hertz $(1\ \text{Hz} = \frac{1}{\text{s}})$

2 Wenn man in Richtung einer Bergwand ruft und das Echo nach 3 s hört, dann ist diese Bergwand etwa
- A 1 km entfernt,
- B 500 m entfernt,
- C 2 km entfernt,
- D 5 km entfernt.

3 Schallwellen können gebeugt werden. Unter Beugung versteht man
- A das Ausbreiten von Wellen im Schattenraum auch hinter einer Kante oder hinter einem Spalt,
- B das Zurückwerfen von Wellen an Hindernissen,
- C das Verändern der Ausbreitungsrichtung von Wellen beim Übergang von einem Stoff in einen anderen.

4 Schall oberhalb des Hörfrequenzbereichs der Menschen ($f > 20$ kHz) wird als
- A Infraschall,
- B Ultraschall,
- C Megaschall bezeichnet.

5 Die Energie von Strahlungen gleicher Intensität wird verglichen. Welche Aussagen sind richtig?
- A UV-Strahlung ist energiereicher als sichtbares Licht.
- B Hertzsche Wellen sind energiereicher als IR-Strahlung.
- C Röntgenstrahlung ist viel energiereicher als γ-Strahlung.

6 Lucas überlegt, warum er mit seinem Handy in diesem Moment keine Verbindung herstellen kann. Welche Ursache könnte stimmen?
- A Er befindet sich in einem Fahrstuhl.
- B Er fährt mit der Straßenbahn.
- C Das Auto, in dem er sitzt, fährt gerade durch einen Tunnel.
- D Der Himmel ist voller Gewitterwolken.

7 Eine Raumsonde ist 600 Millionen Kilometer von der Erde entfernt. Sie befindet sich auf dem Weg zum Jupiter.
Wie lange sind die Funksignale von der Sonde zur Erde ungefähr unterwegs?
- A Zwei Tage
- B Zwei Sekunden
- C Eine halbe Stunde

8 Für elektromagnetische Wellen gilt die Gleichung: $c = \lambda \cdot f$
Bei konstanter Frequenz gilt:
- A Je größer die Ausbreitungsgeschwindigkeit ist, desto größer ist die Wellenlänge.
- B Je größer die Ausbreitungsgeschwindigkeit ist, desto kleiner ist die Wellenlänge.
- C Beide Größen sind unabhängig voneinander.

Beantworte ausführlich.

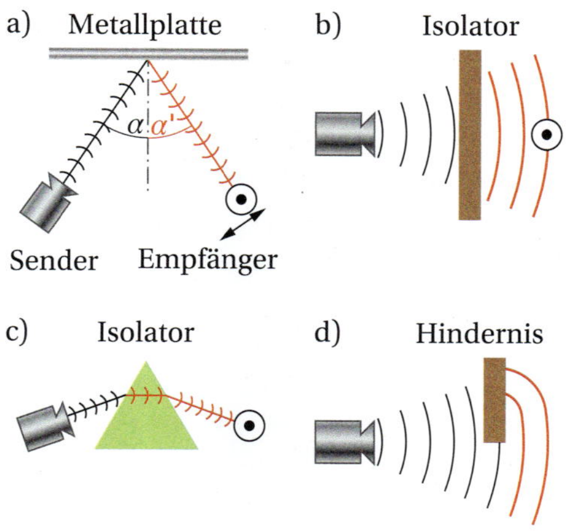

1 Von einem Schiff wird unmittelbar unter der Wasseroberfläche mit einem Echolotgerät ein Schallsignal ausgesendet. Nach 6 s wird dieses Signal wieder empfangen. Wie tief ist das Meer an dieser Stelle?
Gehe von einer Wassertemperatur von 20 °C aus.
Berechne die Wassertiefe für Süßwasser und für Wasser mit einem Salzgehalt von 3,5 %.

2 Der Sender „Deutschlandfunk" sendet im Bereich Dresden mit einer bestimmten Frequenz. Erkunde diese Frequenz. Berechne die Wellenlänge der hertzschen Wellen dieses Senders.

3 In den Abbildungen oben rechts sind einige Experimente mit Mikrowellen dargestellt. Beschreibe das jeweilige Experiment.
Gib an, welche Eigenschaft von Mikrowellen jeweils demonstriert wird.

4 Erkunde, welche Schallpegel in Discos üblich sind. Vergleiche diese Pegel mit denen von Fahr- und Flugzeugen sowie von Maschinen und Anlagen.
Recherchiere, ob von Discos wirklich Gefahren für die Gesundheit (Hörvermögen, Kopfschmerzen u. a.) ausgehen können. Welche Möglichkeiten des Schutzes vor hohen Schallpegeln gibt es?

3 Licht und Farben

1 **Farbe bekennen**
Manche Farben wirken auf uns kalt, andere warm. Farben unterliegen Moden und werden gezielt zur Werbung genutzt. Wovon hängt die Farbe ab, in der wir einen Körper wahrnehmen?

2 Schillernde Farben
Beobachte Seifenblasen. Wodurch kommt das wechselnde Farbenspiel zustande?

3 Schirm mit Muster
Stelle eine Vermutung auf, wie das Foto rechts zustande gekommen sein könnte.

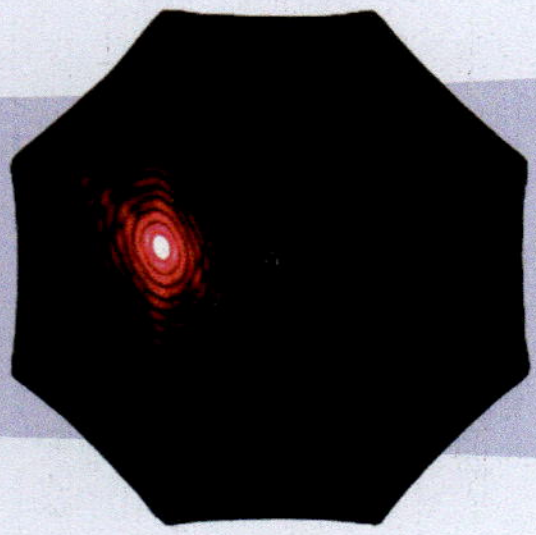

4 Farben und Sprache
Suche zu drei Farben möglichst viele Wörter oder Redewendungen.

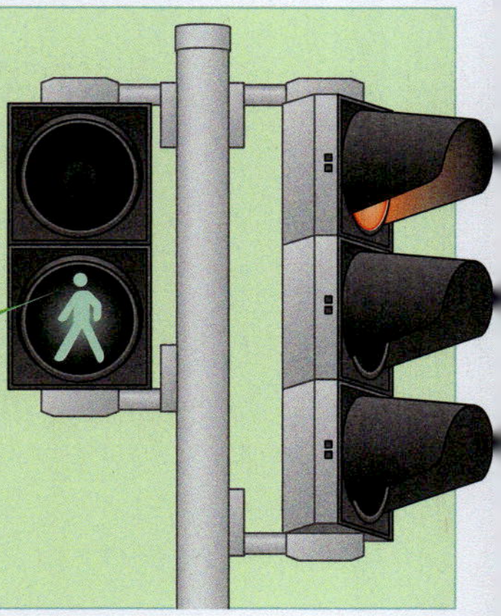

5 Tarnen und warnen
Farben informieren. Auch in der Tierwelt tarnen, locken oder warnen sie. Wie sieht das bei Chamäleon und Birkenspanner aus? Recherchiere weitere typische Vertreter.

Die Welt der Farben

Beugung und Interferenz

Das ist das Ergebnis, wenn rotes Licht auf zwei benachbarte, enge Spalte trifft. Hat Licht Welleneigenschaften?

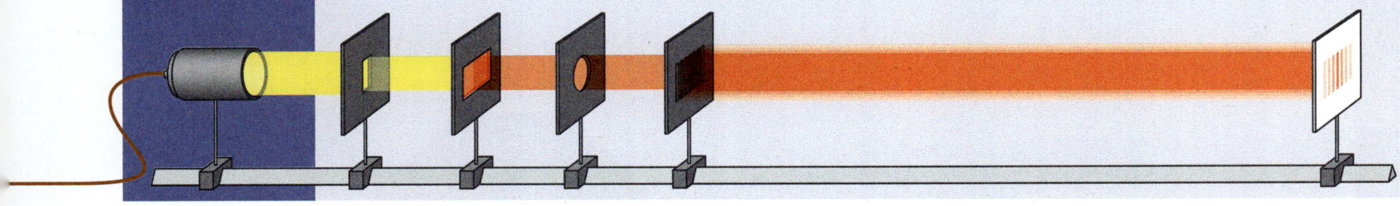

Wenn Licht auf einen sehr schmalen Spalt, ein kleines Hindernis oder eine Kante trifft, passiert etwas Unerwartetes: Es breitet sich dahinter in alle Richtungen aus, also auch bis in die Schattenräume.
Das Licht wird gebeugt. Oft bemerkst du diese Erscheinung nicht, weil die Lichtintensität nur schwach ist.

Licht wird an schmalen Spalten und Hindernissen gebeugt.

Beugung und Interferenz kennst du bereits von der Schallausbreitung.

Beugung: Sie ist eine wellentypische Erscheinung. Deshalb liegt die Folgerung nahe, dass Licht Welleneigenschaften hat. Ein Spalt bzw. eine Kante wirkt wie eine Lichtquelle, von der wie in den beiden Abbildungen unten kreisförmige Wellen ausgehen.

Mit deinen bisherigen Kenntnissen über die Ausbreitung von Licht könntest du im Experiment oben lediglich zwei rote Streifen auf dem Schirm erwarten. Tatsächlich beobachtest du aber eine ganze Reihe von farbigen Streifen.

Interferenz: Offensichtlich überlagert sich das Licht, das von zwei Spalten ausgeht. Diese Erscheinung kannst du nur erklären, wenn du annimmst, dass sich Licht wie eine Welle ausbreitet. Von jedem Spalt gehen kreisförmige Wellen aus und überlagern sich: Sie interferieren.

Bei Licht tritt wie bei Schallwellen Interferenz auf.

Das erkennst du in der Abbildung oben auf der gegenüberliegenden Seite.

Das huygenssche Prinzip ermöglicht die Erklärung der Beugung. Lies auf der Seite 51 nach.

a) Beugung an einem schmalen Spalt

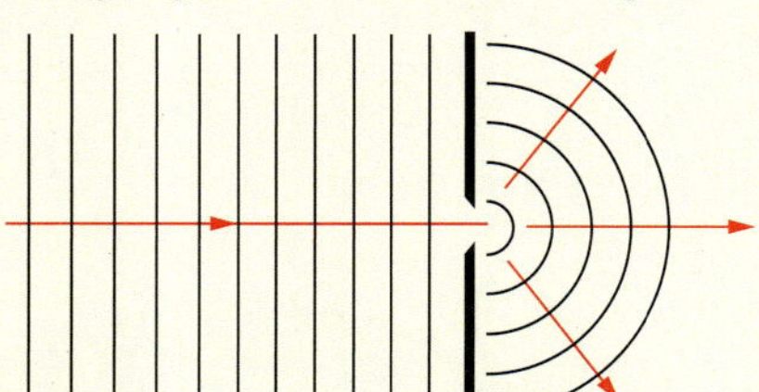

b) Beugung an einer Kante

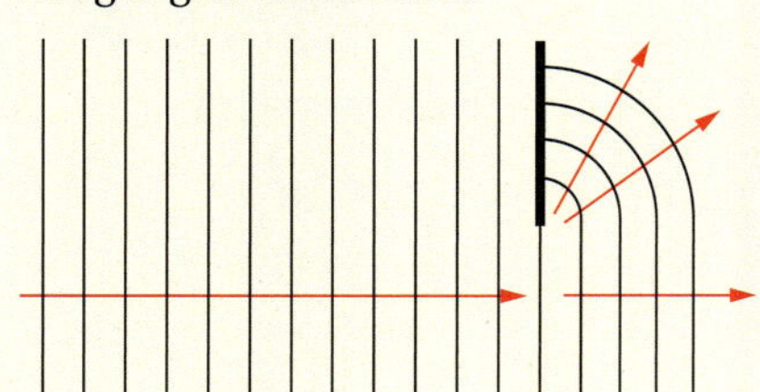

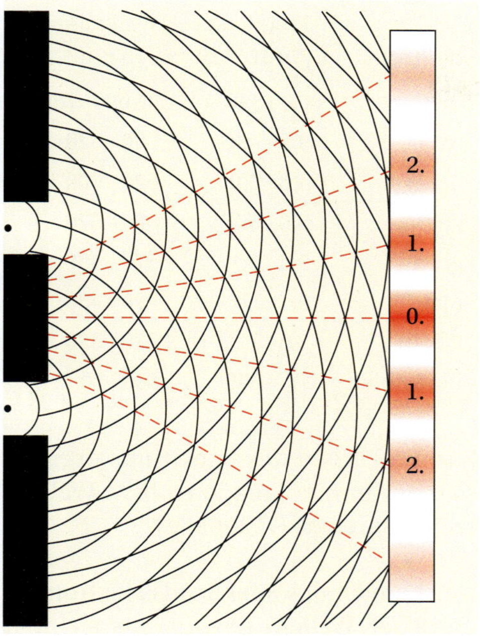

Die **Interferenzstreifen** zeigen die Verstärkung der Wellenberge. Um sie zu unterscheiden, heißt der Streifen in der Mitte 0. Ordnung. Es folgen zu beiden Seiten Streifen 1. und 2. Ordnung. Ihre Intensität nimmt schnell ab.

Bei einfarbigem Licht haben die Streifen die Farbe des Lichts. Die Lage der Streifen hängt von der Farbe des verwendeten Lichts ab. JedeFarbe hat eine andere Wellenlänge (↗ S. 94).
Bei weißem Licht entstehen Interferenzstreifen, in denen alle Spektralfarben vertreten sind (↗ Abb. unten).

Weil bei weißem Licht in der Mitte alle Spektralfarben zusammentreffen, erscheint der Streifen 0. Ordnung weiß. Noch deutlicher wird die Interferenz, wenn anstelle des Doppelspalts ein optisches Gitter verwendet wird.

Gitter bestehen aus vielen Spalten, die eng nebeneinander liegen.

Da bei Licht Erscheinungen wie Beugung und Interferenz auftreten, lässt sich folgern:

- Licht hat Eigenschaften von Wellen. Es kann mit dem Modell Lichtwelle beschrieben werden.

Lichtwellen sind ebenso wie Lichtstrahlen ein **Modell** zur Beschreibung des Lichts.

Aufgaben

1 Wiederhole, was Beugung und Interferenz von Schallwellen bedeutet.

2 Beschreibe, wie in dem Interferenzbild oben Auslöschung und Verstärkung zustande kommen.

3 Warum erscheint der Interferenzstreifen 0. Ordnung in der Abbildung links weiß?

Licht im Wellenmodell: Außer Reflexion und Brechung sind bei Licht Beugung und Interferenz zu beobachten. Licht hat also Welleneigenschaften.
Wie bei Schallwellen und elektromagnetischen Wellen hängen auch bei Lichtwellen Ausbreitungsgeschwindigkeit, Wellenlänge und Frequenz eng zusammen. Die Frequenz des Lichts hängt nur von seiner Entstehung ab und bleibt immer gleich.
Die Lichtgeschwindigkeit und damit auch die Wellenlänge sind vom Stoff abhängig, in dem sich das Licht ausbreitet:

$c = \lambda \cdot f$
c Lichtgeschwindigkeit
λ Wellenlänge
f Frequenz

In einem Stoff, z. B. in Luft, hat die Lichtgeschwindigkeit einen bestimmten Wert. Demzufolge gilt dort: Je größer die Frequenz ist, desto kleiner ist die Wellenlänge.
Im Wellenmodell des Lichts lässt sich jeder Farbe eine bestimmte Frequenz und eine Wellenlänge zuordnen.

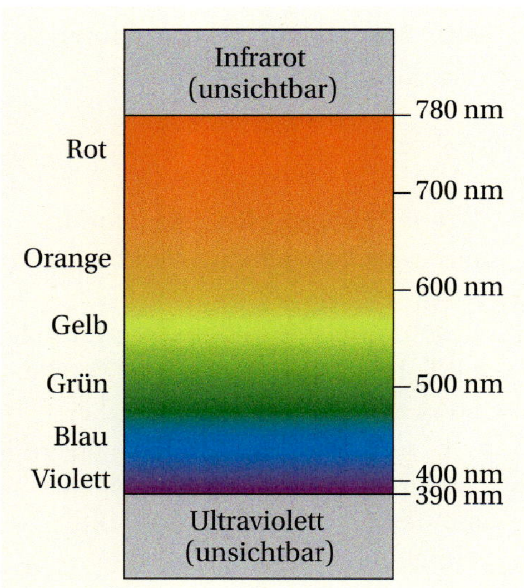

Die Wellenlängen des sichtbaren Lichts sind in Nanometern (nm) angegeben.
1 nm = ... m?

Art des Lichts	Frequenz f in 10^{14} Hz	Wellenlänge λ in nm
infrarot	0,1 – 3,8	30 000 – 780
rot	3,8 – 4,8	780 – 620
orange	4,8 – 5,0	620 – 600
gelb	5,0 – 5,3	600 – 570
grün	5,3 – 6,1	570 – 490
blau	6,1 – 7,0	490 – 430
violett	7,0 – 7,7	430 – 390
ultraviolett	7,7 – 300	390 – 10

Für die Farben des Spektrums ergeben sich bestimmte Frequenz- bzw. Wellenlängenbereiche (↗ Tabelle).

Der Bereich des Spektrums elektromagnetischer Wellen, der für uns sichtbar ist, umfasst Wellenlängen von 780 bis 390 nm. Das entspricht Frequenzen von $3{,}8 \cdot 10^{14}$ bis $7{,}7 \cdot 10^{14}$ Hz.

Aufgaben

1 Wiederhole, was Reflexion, Brechung, Beugung und Interferenz von Licht bedeuten.

2 Bestätige mithilfe der Angaben in der Tabelle oben: Je größer die Frequenz des Lichts ist, desto kleiner ist seine Wellenlänge. ⊕

3 Finde in der Abbildung links und in der Tabelle oben die Wellenlängen und Frequenzen des sichtbaren Bereichs des Spektrums elektromagnetischer Wellen heraus.

4 Welche Gemeinsamkeiten und Unterschiede haben Schallwellen und Lichtwellen? Nutze die Übersicht auf der gegenüberliegenden Seite.

Vergleich von Schallwellen und Lichtwellen	
Schallwellen	**Lichtwellen**
Schallwellen sind mechanische Wellen.	Lichtwellen sind elektromagnetische Wellen.
Schallwellen benötigen einen Schallträger zu ihrer Ausbreitung. Im Vakuum können sie sich nicht ausbreiten.	Lichtwellen benötigen keinen Träger zu ihrer Ausbreitung. Sie breiten sich in Stoffen, aber auch im Vakuum aus.
Schallwellen können reflektiert, gebrochen und gebeugt werden.	Lichtwellen können reflektiert, gebrochen und gebeugt werden.
Bei Schallwellen kann Interferenz eintreten. Sie äußert sich durch Bereiche kleinerer bzw. größerer Lautstärke.	Bei Lichtwellen kann Interferenz eintreten. Sie äußert sich durch Bereiche kleinerer oder größerer Helligkeit.
Die Frequenz des Schalls bestimmt die Tonhöhe. Schall mit einer Frequenz ergibt einen reinen Ton.	Die Frequenz des Lichts bestimmt seine Farbe. Licht mit einer bestimmten Frequenz ergibt eine reine Spektralfarbe.
Die Amplitude des Schalls bestimmt die Lautstärke des Tons.	Die Amplitude des Lichts bestimmt die Intensität, die wir wahrnehmen.

Wusstest du schon …

Zusammenhang zwischen den Modellen Lichtstrahl und Lichtwelle

Lichtstrahlen beschreiben den Weg des Lichts. Sie stehen senkrecht auf den Wellenfronten der Lichtwellen (Abb. 1). Die Reflexion kann mit beiden Modellen beschrieben werden; eine Erklärung ist nur mit dem Wellenmodell möglich.

Jeder Punkt der Oberfläche, auf den eine Welle trifft, ist Ausgangspunkt einer Elementarwelle. Die Elementarwellen überlagern sich nach dem huygensschen Prinzip (Abb. 2). Das gilt für Lichtwellen ebenso wie für Schallwellen.

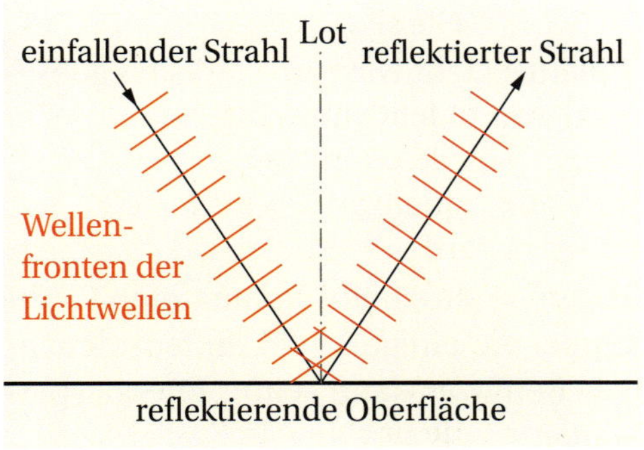

1 Reflexion des Lichts in den Modellen Lichtstrahl und Lichtwelle

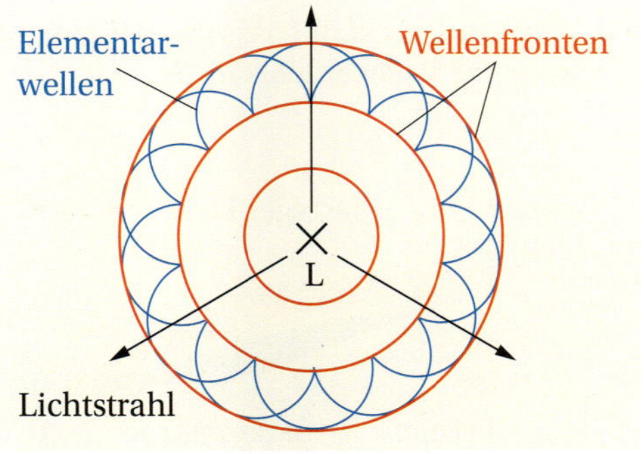

2 Lichtausbreitung von einer Quelle L in den Modellen Lichtstrahl und Lichtwelle

Die Welt der Farben

Zerlegung von weißem Licht

Aus weißem Licht wird farbiges. Wie kommt das?

Weißes Licht wird durch ein Prisma in Spektralfarben zerlegt.

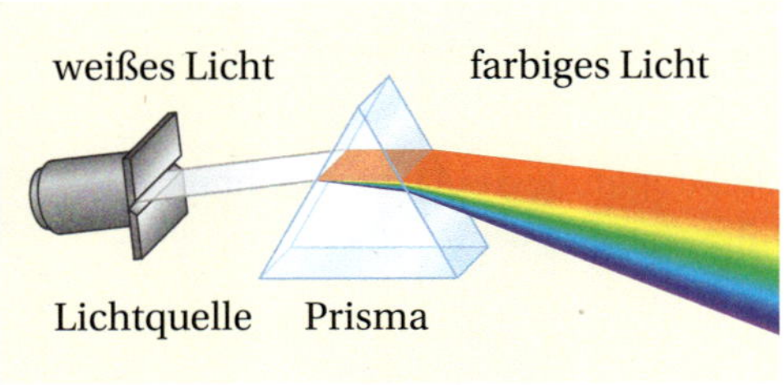

▮ 1 Benenne die Reihenfolge der Farben bei der Zerlegung des weißen Lichts.

Einfarbiges Licht kann nicht weiter zerlegt werden.

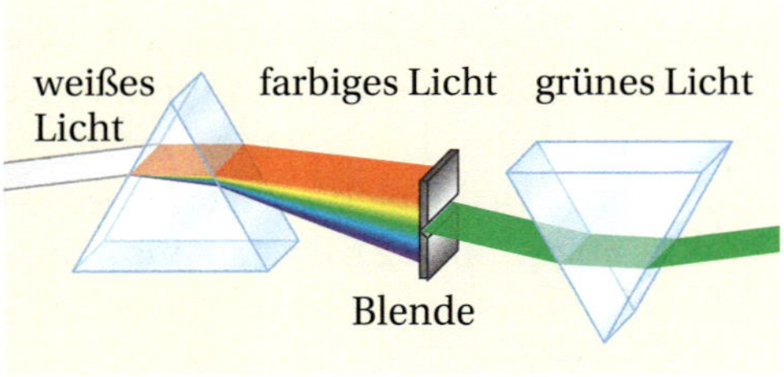

▮ 2 Woran erkennst du, dass das Grün nicht weiter zerlegt werden kann?

Die Vereinigung aller Spektralfarben ergibt Weiß.

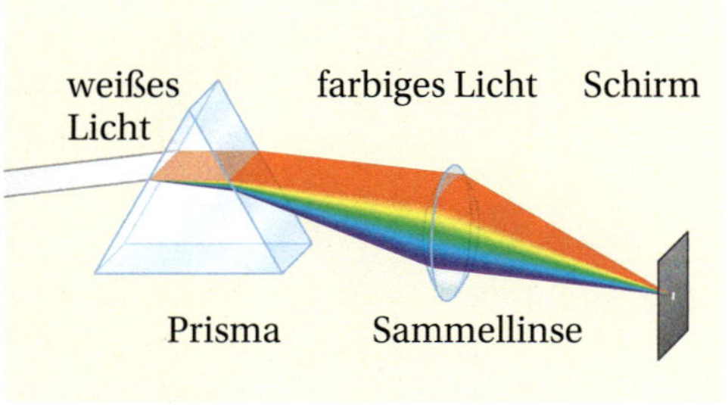

▮ 3 Beschreibe die Abbildung. Wozu dient die Sammellinse?

Die Sonne und Halogenlampen senden weißes Licht aus. Wenn du ein schmales Lichtbündel einer Halogenlampe auf ein Prisma lenkst, beobachtest du hinter dem Prisma ein prächtiges Farbband. Es entsteht bei der Auffächerung des weißen Lichts und heißt **Spektrum.**
Die Farben, die du am intensivsten wahrnimmst, heißen **Spektralfarben.** Die Einteilung in sechs Farben ist willkürlich, aber sinnvoll.

> Weißes Licht besteht aus Licht der Spektralfarben Rot, Orange, Gelb, Grün, Blau und Violett. Das farbige Licht wird unterschiedlich stark gebrochen.

Violettes Licht wird am stärksten gebrochen, rotes Licht am wenigsten.

Aufgabe

Betrachte durch ein Prisma eine Glühlampe, die einige Meter entfernt leuchtet. Benutze dann eine Energiesparlampe.
Beschreibe deine Beobachtungen und stelle Vergleiche an.

So kannst du vorgehen

Erklären

Ein Regenbogen fasziniert immer wieder von Neuem. Seine Farben treten wie bei einem Prisma immer in der gleichen Reihenfolge auf.
Du kannst einen Regenbogen nur dann sehen, wenn du auf eine weit entfernte Regenwand blickst und die tief stehende Sonne im Rücken hast.

Wenn du wissen möchtest, **warum** etwas geschieht oder in bestimmter Weise abläuft, ist eine **Erklärung** gefragt.

Beim Erklären wird ein Sachverhalt auf Gesetze zurückgeführt. Es wird dargestellt, wie das Gesetz wirkt. Auch Modelle werden zum Erklären genutzt.

Erkläre, wie die Reihenfolge der Farben bei einem Regenbogen zustande kommt.

► Schritt 1

Nenne den Sachverhalt, der erklärt werden soll.

Bei einem Regenbogen ist die Reihenfolge der Farben immer gleich.

► Schritt 2

Suche Gesetze und Modelle auf.

Das Sonnenlicht, das auf einen Regentropfen fällt, wird beim Übergang von Luft zu Wasser und beim Übergang von Wasser zu Luft gebrochen.

► Schritt 3

Führe den Sachverhalt auf Gesetze oder Modelle zurück.

Zeige, dass diese Gesetze oder Modelle in dem Sachverhalt wirken, den du erklären sollst.

Gelangt Sonnenlicht in einen kugelförmigen Wassertropfen, dann geschieht Ähnliches wie bei einem Prisma und einer Linse: Das blaue Licht wird beim Übergang von Luft zu Wasser stärker gebrochen als das rote Licht.

Der größte Teil des Lichts tritt an der Rückseite des Tropfens wieder aus. Ein kleinerer Teil wird reflektiert und beim Übergang von Wasser zu Luft noch einmal gebrochen.

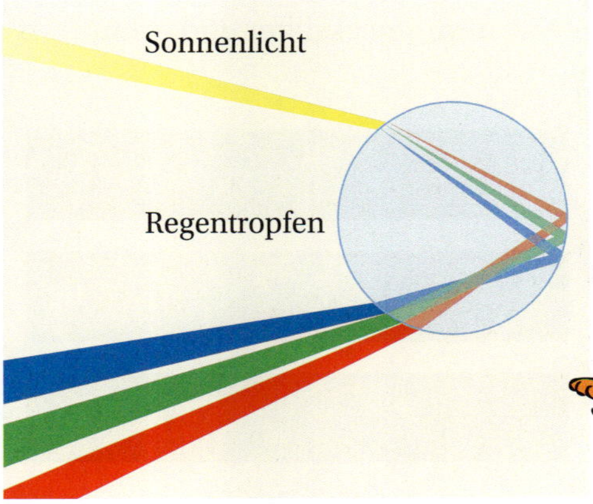

Die Welt der Farben

Spektren – was das Licht erzählt

Mit einem Spektroskop kann Licht in seine Bestandteile zerlegt werden. Wie funktioniert das?

Wenn du weißes Licht auf ein Prisma lenkst, kannst du das gesamte sichtbare Spektrum beobachten. Weil sich die Farben lückenlos auffächern, heißt es **kontinuierliches Spektrum.** Es wird von glühenden festen Körpern, Flüssigkeiten und Gasen unter hohem Druck ausgesendet.

Linienspektren werden von leuchtenden Gasen ausgesendet, die unter niedrigem Druck stehen.

Wenn aber das Licht einer Natriumlampe oder Quecksilberlampe auf ein Prisma trifft, dann sind so wie in der Abbildung unten nur noch einzelne farbige Linien zu sehen. Das Spektrum heißt **Linienspektrum.** Jeder Stoff sendet ein ganz charakteristisches Spektrum aus. Es heißt **Emissionsspektrum.**

- Vergleiche das Linienspektrum von Natrium, Quecksilber und Neon.

Die Linien sind für jeden Stoff so typisch wie ein „Fingerabdruck".

Umgekehrt kannst du aus der Beobachtung bestimmter Linien folgern: In der Lichtquelle ist der Stoff vorhanden, der dieses Spektrum aussendet.

> Durch den Vergleich eines aufgenommenen Spektrums mit den Linienspektren bekannter Elemente kann man auf die Elemente in der Lichtquelle schließen.

Das ist das Wesen der **Spektralanalyse.** Sie geht auf den Physiker Gustav Robert Kirchhoff (1824–1887) und den Chemiker Robert Wilhelm Bunsen (1811–1899) zurück.

- Beschreibe den Aufbau eines einfachen Spektroskops.

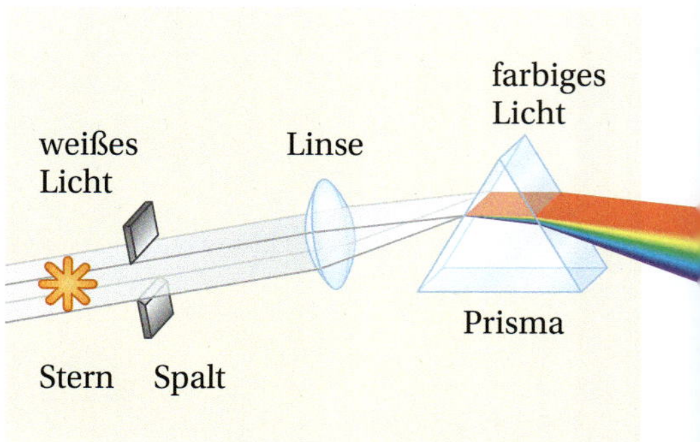

Wusstest du schon …

Der „Fingerabdruck" von Helium

Am 18. August 1868 war in Indien eine totale Sonnenfinsternis zu beobachten. Bei der Auswertung entdeckten Astronomen eine helle gelbe Linie im Spektrum der äußeren Gashülle der Sonne.

Der Franzose PIERRE JANSSEN (1824 bis 1907) und der Brite NORMAN LOCKYER (1836 - 1920) machten die Entdeckung etwa gleichzeitig, aber unabhängig voneinander. Sie schlossen daraus, dass es ein bis dahin unbekanntes Element geben muss. Es wurde Helium genannt.
Als JANSSEN seine Entdeckung bekannt machte, wollte ihm zunächst keiner glauben. Noch nie war ein Element im Weltall entdeckt worden, bevor es auf der Erde gefunden wurde. Erst 1894 gelang der Nachweis von Helium auf der Erde.

Bei einem **Spektroskop** wird Licht gebündelt, auf ein Prisma gelenkt und in seine Bestandteile zerlegt. Diese sind direkt oder auf einem Schirm zu beobachten.
Wenn weißes Licht durch Natriumdampf auf ein Prisma gelangt, so erscheinen im kontinuierlichen Spektrum zwei dunkle Linien (↗ Abb. a).
Diese liegen an der gleichen Stelle wie die abgebildeten gelben Linien in der linken Spalte der Abbildung von Seite 98. Hier fehlt Licht. Es wird vom Dampf absorbiert.
Das Spektrum kennzeichnet den Stoff, den das weiße Licht passiert hat. Es heißt **Absorptionsspektrum.** Solche dunklen Linien entdeckte JOSEPH VON FRAUNHOFER (1787 - 1826) bereits 1814, als er das Spektrum von Sonnenlicht untersuchte (↗ Abb. b).

FRAUNHOFER ordnete den Linien verschiedene Elemente zu, die das Sonnenlicht bereits auf der Sonne absorbieren. Die Linien heißen nach ihrem Entdecker **fraunhofersche Linien.**

Licht, das glühende Gase aussenden, ist also ein wichtiger Träger von Informationen.

> Emissionsspektren kennzeichnen den Stoff, der Licht aussendet. Absorptionsspektren kennzeichnen den Stoff, der vom Licht durchdrungen wird.

Genauso wie die Sonne haben auch andere Sterne ein charakteristisches Spektrum. Aus der Untersuchung der Spektren der Sterne lassen sich Rückschlüsse auf die Bestandteile der äußeren Hülle eines Sterns ziehen.

Aufgabe

Wie kommen die dunklen Linien in den Spektren links zustande?

Die Welt der Farben

Ultraviolettes und infrarotes Licht

Nichts geht über ein Bad in der Sonne. Aber vermeide unbedingt einen Sonnenbrand. Warum? Finde es heraus.

Licht ist aber nicht gleich Licht. Außer sichtbaren Bestandteilen hat es auch solche, die unsere Augen nicht wahrnehmen können.

„Infra" (lat.) = unterhalb

„Ultra" (lat.) = darüber hinaus

Ultraviolette Strahlung, kurz **UV-Strahlung** genannt, hat mehr Energie als violettes Licht.
UV-Strahlung stärkt das Immunsystem, fördert unser Wohlbefinden, bräunt die Haut und unterstützt unseren Stoffwechsel.

Damit diese positiven Wirkungen eintreten, reicht schon ein Spaziergang von zehn Minuten in der Sonne.

Negative Wirkungen treten ein, wenn du dich länger der Sonnenstrahlung aussetzt, als für deinen Hauttyp und die Stärke der Sonneneinstrahlung angeraten wird. Akute Wirkungen sind Sonnenbrand und Bindehautentzündung der Augen. Längerfristig kann Hautkrebs entstehen.

- Lies die Aussagen von Anne (links), Tim und Kathleen und bewerte sie. Kann das alles stimmen?

Echt oder gefälscht?

Einige Stoffe können UV-Strahlung in sichtbares Licht umwandeln. Sie leuchten. Diese Stoffe sind in Waschmitteln und Geldscheinen enthalten. Wenn ein Geldschein im Licht einer UV-Lampe leuchtet, ist er echt.
In Diskotheken lassen Weißmacher in Waschmitteln weiße Kleidung im Licht einer UV-Lampe (Schwarzlichtlampe) leuchten.
Infrarote Strahlung, kurz **IR-Strahlung** genannt, hat nicht so viel Energie wie rotes Licht. IR-Strahlung wird von allen warmen Körpern abgestrahlt und kann mit speziellen Kameras sichtbar gemacht werden.

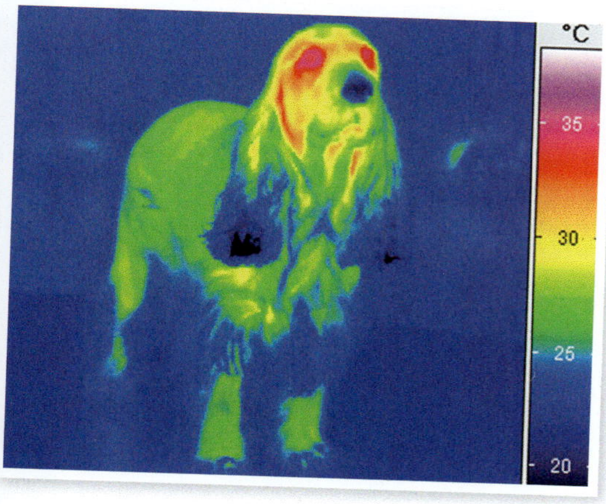

Aufgaben

1 Das Risiko, einen Sonnenbrand zu erleiden, hängt wesentlich vom Hauttyp eines Menschen ab und vom gewählten Sonnenschutz.
a) Recherchiere die Merkmale der vier mitteleuropäischen Hauttypen. Welcher Typ bist du? Ordne zwei Mitschülern ihren Typ zu. ↗ S. 70
b) Entwickle einen Merkzettel mit Hinweisen zum Schutz vor Sonnenbrand.

2 Wickle eine Hand in Aluminiumfolie und beschreibe, was du fühlst. Setze dich mit folgender Aussage auseinander:
IR-Strahlung kann man nicht wahrnehmen, weil man sie nicht sieht.

3 Waschmittelhersteller übertreffen sich in Werbungen mit dem Slogan „weißer als weiß". Die sogenannten Weißmacher im Waschpulver sind optische Aufheller. Welche Wirkung haben sie?
Erkläre diese Wirkung. Recherchiere im Internet. Beachte: Informationen aus dem Internet müssen kritisch bewertet und selbstständig aufbereitet werden.

4 IR-Strahlung wird auch Wärmestrahlung genannt.
a) Wiederhole, wie Wärme durch Wärmestrahlung übertragen wird.
b) Das Foto links wurde mit einer Wärmebildkamera aufgenommen. Die Skala zeigt die Farben für Temperaturen von 20 bis 35 °C an. Beschreibe das Foto.

Wärmestrahlung kennst du bereits aus dem Physikunterricht der Klasse 8.

Die Welt der Farben

Die Farbe von gemischtem Licht

Wie kommen Farbbilder auf Bildschirmen zustande?

Obwohl es unterschiedliche Bildschirmtypen gibt, ist das Grundprinzip der Farbwahrnehmung gleich. Auf einem Bildschirm befinden sich ca. 1,2 Millionen sehr kleine Leuchtpunkte in den Farben Rot, Grün und Blau. Diese Punkte können ein- oder ausgeschaltet werden und in ihrer Helligkeit variieren. Unsere Augen sind nicht in der Lage, die winzigen Punkte einzeln zu erfassen. Deshalb nehmen wir eine Mischfarbe wahr. Jede beteiligte Farbe fügt dem Licht ihre Frequenz hinzu (↗ S. 104). Auch die dunklen Stellen zwischen den Punkten beeinflussen die Wahrnehmung.
Auf diese Weise entstehen alle nur denkbaren Farben auch bei Handys, Kameras und Monitoren von Computern.

Die Wahrnehmung von Weiß kann unterschiedlich zustande kommen.		
Eine Lichtquelle oder ein Gegenstandspunkt sendet gleichzeitig Licht mehrerer Farben aus, die zusammen auf die gleiche Stelle der Netzhaut fallen.	Beispiel: Das Licht einer Energiesparlampe sendet gleichzeitig rotes, grünes und blaues Licht aus.	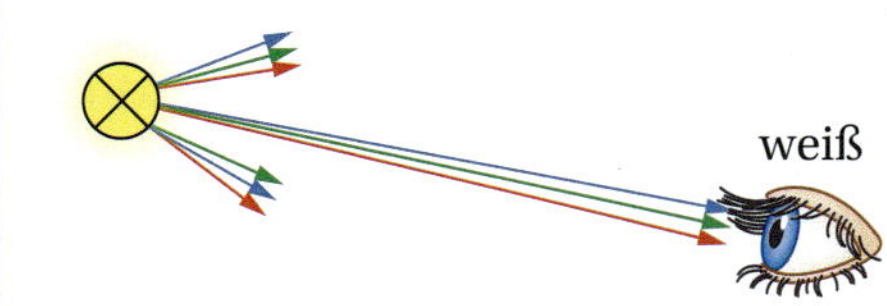
Das Licht von drei verschiedenfarbigen Lichtquellen wird vom gleichen Gegenstandspunkt ins Auge gestreut.	Beispiel: Aus drei Lampen wird blaues, grünes und rotes Licht an die gleiche Stelle einer weißen Wand gelenkt.	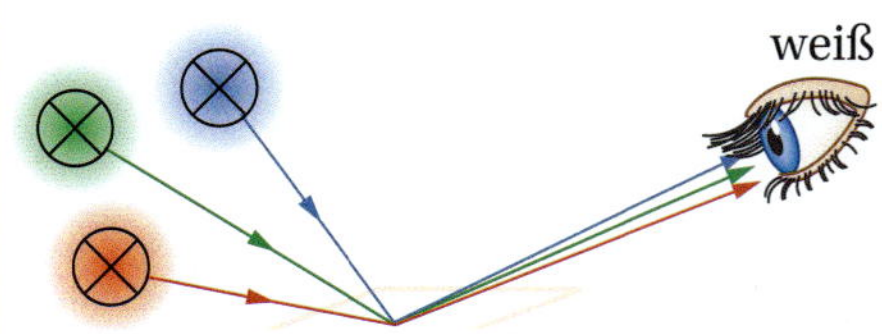
Drei Lichtquellen liegen so dicht beisammen, dass sie vom Auge nicht getrennt werden können. Ihr Licht gelangt auf dieselbe Stelle der Netzhaut.	Beispiel: Ein Bildschirm besteht aus kleinen, sehr eng liegenden Bereichen, die rot, grün oder blau leuchten können. Wenn alle drei Farben gleich hell leuchten, sieht man Weiß.	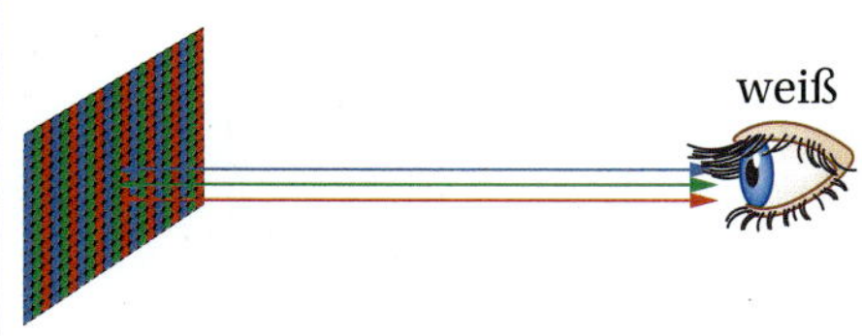

Erforsche es

Farben – wie wir sie wahrnehmen

1. Betrachte verschiedenfarbiges Licht durch ein Prisma.
   a) Leg zunächst einen dünnen weißen Streifen Papier wie in der Abbildung auf eine dunkle Fläche vor dich. Betrachte diesen Streifen durch ein Prisma. Notiere deine Beobachtungen.

   b) Nimm dann andersfarbige Streifen. Notiere wieder deine Beobachtungen.
   c) Nimm an, dass Licht ein Gemisch aus verschiedenen Farben ist. Versuche, deine Beobachtungen zu erklären.

2. Betrachte mit einer Lupe den Bildschirm eines Fernsehapparats. Beschreibe deine Beobachtungen.
   Stelle Vermutungen auf, wie das Gesehene zustande kommt.

3. a) Betrachte einen Bildschirm, auf dem ein gelber Bereich zu sehen ist, durch eine Lupe.
   b) Stelle dieses Buch geöffnet hin und betrachte das folgende Bild aus immer größerer Entfernung.

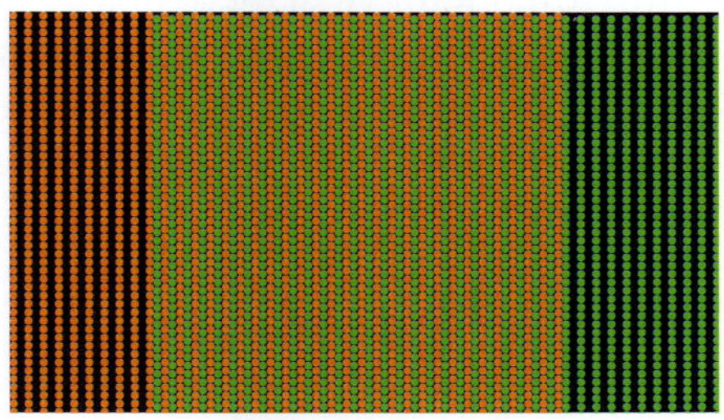

   c) Beschreibe deine Beobachtungen und versuche, sie zu erklären.
   d) Vergleiche deine Beobachtungen aus a) und b).

Aufgaben

1 Unsere Wahrnehmung von Farben kann verschiedene Ursachen haben. Erläutere, wie die Farbe Weiß entstehen kann.

2 Im gelben Bereich eines Bildschirms erkennst du mit einer Lupe rot und grün leuchtende Bildpunkte. Ziehe daraus eine Schlussfolgerung für das Zustandekommen der Farbwahrnehmung.

3 Das Licht einer Glühlampe wird durch drei farbige Gläser gelenkt.
   a) Welche Farben haben die drei Gläser?
   b) Durch welche Mischung entsteht Purpur (Magenta), Blaugrün (Cyan) und Weiß?

Die Welt der Farben

Additive Farbmischung

Versetze Farbkreisel mit verschiedenen Farbvarianten in schnelle Umdrehungen.
Welche Farben beobachtest du?

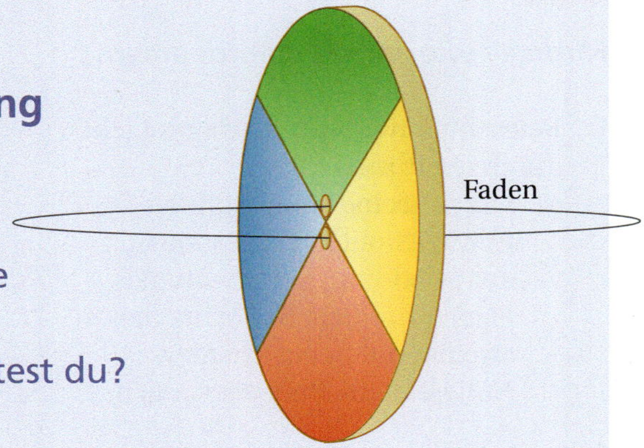

Wenn du Licht verschiedener Farben auf dieselbe Stelle lenkst, dann überlagert, addiert es sich. Diese Art der Farbmischung heißt deshalb **additive Farbmischung.**
Welche Farbe du wahrnimmst, hängt nicht nur von den Farben des Lichts ab, sondern z. B. auch von der Intensität des Lichts.
Die Mischfarbe, die du siehst, kannst du wie in der Abbildung unten mit einer **Farbtafel** vorhersagen.

Die Farbtafel ist so konstruiert, dass sich die Mischfarbe aus dem Schwerpunkt S der Farben ergibt, die gemischt werden sollen.

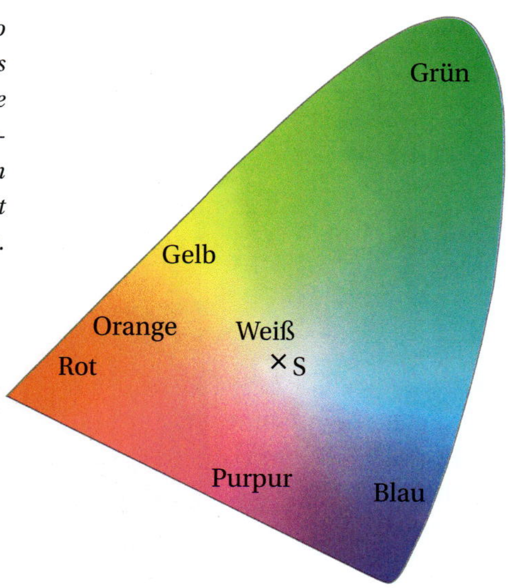

Die Farbtafel enthält auf dem Rand die Spektralfarben in einer bestimmten Anordnung. Dazwischen befinden sich **Mischfarben.** Zur Mitte der Farbtafel hin werden die Mischfarben immer blasser. Im Schwerpunkt S ist Weiß.

> Wenn Licht verschiedener Farben additiv gemischt wird, kann der Farbeindruck, der entsteht, mit einer Farbtafel vorhergesagt werden.

Beispiel 1: Die additive Mischung von Rot, Grün und Blau ergibt wie in der Abbildung Weiß. Diese Vorhersage kannst du prüfen: Richte rotes, grünes und blaues Licht in gleicher Helligkeit auf ein und dieselbe Stelle einer weißen Wand.

- Schlag noch einmal die Tabelle auf der Seite 102 nach.

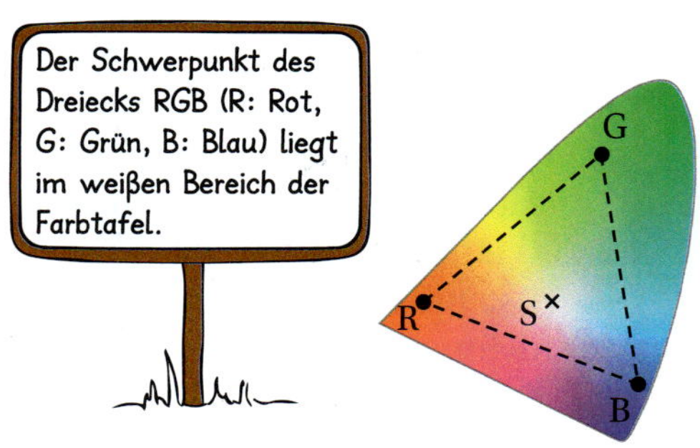

Erforsche es

Mischfarben gesucht

Es ist verblüffend, dass du den Schwerpunkt einer Farbtafel auch durch Ausbalancieren bestimmen kannst. Übertrage dazu die Farbtafel der Seite 104 auf einen Karton oder nutze das Internet.

Hänge an den Karton je ein Wägestück mit 100 g. Durch Ausbalancieren ergibt sich als Mischfarbe Gelb. Wähle den Rotanteil doppelt so groß, indem du an die entsprechende Schlaufe einen Körper der Masse 200 g hängst.
Nun erhältst du wie in der Abbildung rechts die Mischfarbe Orange. Versuche, auf diese Weise weitere Mischfarben zu finden.

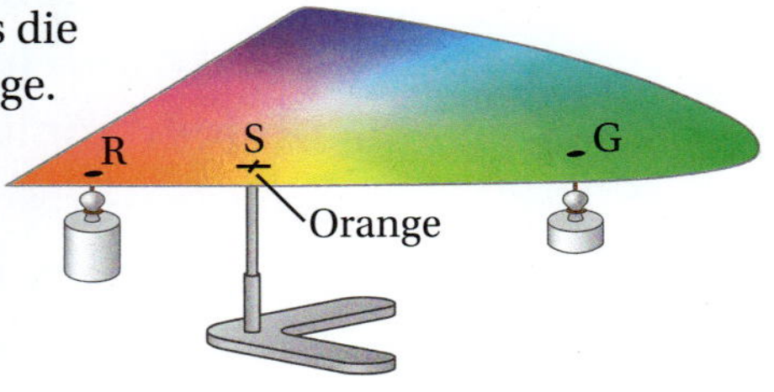

Beispiel 2: Rot und Grün werden in unterschiedlichem Verhältnis gemischt. Bei einer Mischung im Verhältnis 1:1 liegt der Schwerpunkt S in der Mitte (↗ Abb. a). Die Mischfarbe ist Gelb.
Wird der rote Farbanteil verstärkt, verschiebt sich der Schwerpunkt S in Richtung R (↗ Abb. b). Es entsteht Orange.
Auch diese Vorhersagen kannst du experimentell nachprüfen. Richte rotes und grünes Licht gleicher Helligkeit auf die gleiche Stelle einer weißen Wand.
Verdopple nun die Helligkeit des roten Lichts, indem du noch einmal rotes Licht mit einer dritten Lampe auf die Wand strahlst. Du erhältst als Mischfarbe Orange.

- Vollziehe die Aussagen in einem Experiment nach.

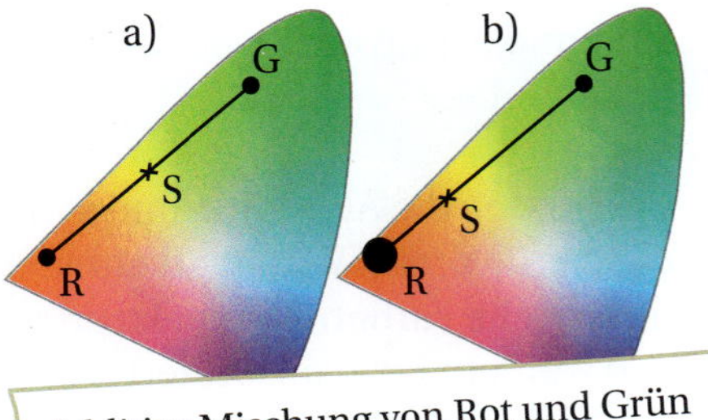

Additive Mischung von Rot und Grün in unterschiedlichem Verhältnis

Bei der Mischung von Farben kommt es nicht darauf an, ob diese selbst schon gemischt sind. Gelb und Blau ergeben Weiß, unabhängig davon, ob das gelbe Licht eine reine Spektralfarbe oder eine Mischung aus Rot und Grün ist.
Rot und Grün allein ergeben Gelb, Grün und Blau ein Blaugrün (Cyan), Rot und Blau ein Purpur (Magenta). Wird die Helligkeit der Farbpunkte verändert, entstehen weitere Farbtöne und Farben wie Braun oder Ocker.

Grundfarben der additiven Farbmischung

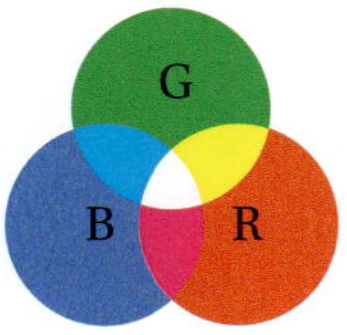

> Aus den Grundfarben Rot, Grün und Blau der additiven Farbmischung lassen sich alle Farben mischen, die innerhalb des Dreiecks RGB liegen.

- Welche Farbmischung ergibt Purpur, welche Blaugrün?

Ausgeblendete Spektralfarbe	Mischfarbe des restlichen Spektrums
Rot	
Orange	
Gelb	
Grün	
Blau	
Violett	

Durch das Ausblenden einzelner Farben aus einem Spektrum bleibt ein Rest an Farben. Beim additiven Mischen entstehen charakteristische Mischfarben.

Die Welt der Farben

Subtraktive Farbmischung

Wenn du Wasserfarben im Farbkasten mischst, erhältst du teils ähnliche, teils ganz andere Ergebnisse als die Mischung von Licht beider gleicher Farben.

Wenn du zwei Wasserfarben mischst, dann absorbiert jeder Farbstoff das farbige Licht, das für ihn charakteristisch ist. Um die Mischfarbe zu erhalten, musst du also das absorbierte farbige Licht beider Farbstoffe aussortieren, subtrahieren. Deshalb heißt diese Farbmischung **subtraktive Farbmischung.**
Blaue Wasserfarbe absorbiert bei Beleuchtung mit weißem Licht gelbes bis rotes Licht (↗ Abb. unten).
Gelbe Wasserfarbe absorbiert den linken Teil des Spektrums.
Beide Wasserfarben absorbieren aber kein Grün. Folglich erscheint eine Mischung aus blauer und gelber Farbe grün.

Auch die Mischung von Kreidestaub erfolgt nach den Regeln der subtraktiven Farbmischung.

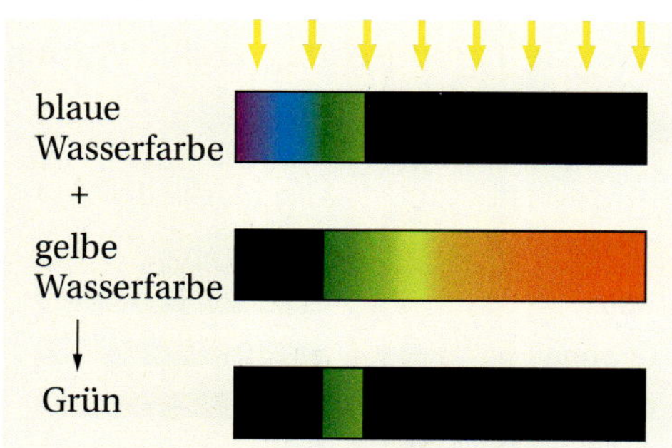

Blaue und gelbe Wasserfarbe absorbiert unterschiedliche Teile des Spektrums, wenn weißes Licht auftrifft.

> Bei der subtraktiven Farbmischung wird Licht verschiedener Farben ausgeblendet (subtrahiert).
> Das restliche Licht bildet eine Mischfarbe.

Maler nutzen die Vielfalt von Farben, die mit der subtraktiven Farbmischung hervorgerufen werden können.

Ähnlich wie die Pigmente von Farben wirken auch Farbfilter. Beim Durchgang von weißem Licht absorbieren sie bestimmte Farben. Der Rest bildet eine Mischfarbe.
Solche Farbfilter gibt es in Sonnenbrillen und für Fotoapparate.

Aufgaben

1. Wiederhole, was Streuung, Reflexion und Absorption des Lichts bedeuten.

2. Beschreibe die Abbildung links mit eigenen Worten. Woran erkennst du, welche Farben des Spektrums von weißem Licht absorbiert werden?

Farbe 1	Farbe 2	Mischfarbe bei additiver Farbmischung	Mischfarbe bei subtraktiver Farbmischung
Rot	Grün	Gelb	Braun
Rot	Gelb	Orange	Orange
Blau	Gelb	Grün	Grün
Rot	Blau	Purpur (Magenta)	Purpur bis Violett
Grün	Violett	Türkis	Braungrau
Rot	Türkis	Weiß	Schwarz

Körperfarben

Die Farbe, in der du einen Körper wahrnimmst, hängt davon ab,
- welche Farben der Körper reflektiert, absorbiert bzw. durchlässt (↗ Abb. 1),
- welche Farbe das Licht hat, das auf den Körper fällt (↗ Abb. 2).

Durchsichtige Körper: Sie haben die Farbe, die sich aus der Mischung des farbigen Lichts ergibt, das von ihnen durchgelassen wird (↗ Abb. 1).
Undurchsichtige Körper: Sie haben die Farbe, die sich nach den Regeln der additiven Farbmischung des von ihnen reflektierten farbigen Lichts ergibt.

Körperfarbe Grün: Wenn weißes Licht (Sonnenlicht) auf Blätter fällt, so werden Violett und Blau sowie Orange und Rot vom Blatt absorbiert.
Grün und das benachbarte Gelb bzw. Türkis werden reflektiert. Du nimmst die Mischfarbe Grün wahr.

Körperfarbe Schwarz: Ein Körper, der sämtliches Licht absorbiert, das auf ihn fällt, erscheint dir schwarz.

Körperfarbe Weiß: Ein Körper, der mit weißem Licht beleuchtet wird und alle Spektralfarben näherungsweise gleich stark reflektiert, erscheint dir weiß.

1 Welche Mischfarben entstehen bei Beleuchtung durchsichtiger Körper mit weißem Licht?

2 Erläutere, warum die Beleuchtung mit verschiedenfarbigem Licht verschiedene Körperfarben ergibt.

Das hast du gelernt

Die Welt der Farben

Licht kann gebeugt werden und interferieren.

Licht hat Welleneigenschaften und kann mit dem **Modell Lichtwelle** beschrieben werden.

Weißes Licht besteht aus den **Spektralfarben** Rot, Orange, Gelb, Grün, Blau und Violett. Das Licht einer Spektralfarbe kann nicht weiter zerlegt werden.

Mischfarben entstehen durch additive oder subtraktive Farbmischung.

Körperfarbe heißt die Farbe, in der wir einen Körper bei Beleuchtung mit weißem Licht sehen.

Durchsichtige Körper haben die Farbe, die sich aus der Mischung des hindurchgehenden Lichts ergibt.

Undurchsichtige Körper haben die Farbe, die sich aus der Mischung des von ihnen reflektierten Lichts ergibt.

Jeder Farbe des Lichts können eine Frequenz und eine Wellenlänge zugeordnet werden.

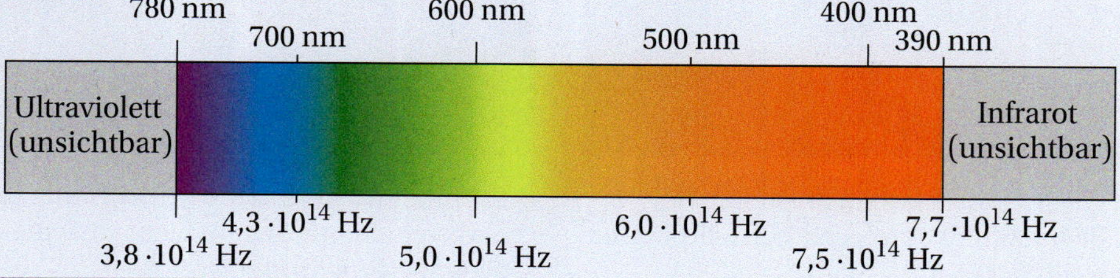

Löse mit Köpfchen

1. Richtige Folge gesucht

Die Spektralfarben sind Blau, Gelb, Grün, Orange, Rot und Violett.

a) Ordne diese Farben in der Reihenfolge des Farbspektrums.

b) Warum fehlen Schwarz und Weiß?

2. Rein oder gemischt?

Wie kannst du ermitteln, ob farbiges Licht aus einer reinen Spektralfarbe besteht oder ob es Mischlicht ist?
Diskutiert eure Ideen und überprüft sie.

3. Regenbogen – selbst erzeugt

Wie kannst du einen Regenbogen mit einem Gartenschlauch erzeugen?
Beschreibe dein Vorgehen.

4. Aus Rot und Grün wird …?

Welche Farbe entsteht, wenn du das folgende farbige Licht übereinander auf eine weiße Fläche projizierst:

a) Rot und Grün,

b) Grün und Blau,

c) Rot, Grün und Blau.

Begründe deine Aussage.

5. Farbige Schatten

Die Abbildung zeigt farbige Schatten einer Vase. Die Vase wurde von links mit rotem Licht beleuchtet, der entsprechende Schatten erscheint grün. Von rechts wurde sie gleichzeitig mit grünem Licht beleuchtet. Der Schatten ist rot.

Erkläre, warum der Schatten einer farbigen Lampe eine andere Farbe hat als das Licht, das von der Lampe ausgesendet wird. ↗ S. 97

6. Tintenkleckser

Streiche auf einen Körper aus Glas, z. B. ein Deckglas, etwas blaue oder rote Tinte und lass sie antrocknen.
Betrachte die Tinte in weißem Licht in Durchsicht und in Draufsicht. Welche Farben nimmst du wahr? Begründe.

7. Farbmix am Computer

Mit einem Zeichenprogramm kannst du am Computer selbst Farben erzeugen, wenn du den Anteil der einzelnen Farben veränderst.

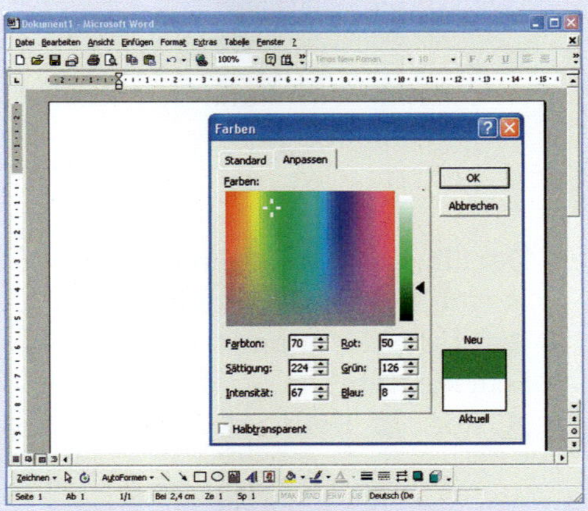

a) Probiere es aus.

b) Mische auch die Grundfarben mit gleichen und unterschiedlichen Anteilen.

8. Farbmix mit Kreide

Mische gelben und blauen Kreidestaub. Welche Farbe erhältst du? Erkläre das Ergebnis mit der subtraktiven Farbmischung. ↗ S. 97

Teste dich selbst

Bei manchen Wahlantworten gibt es mehrere richtige Lösungen. Die Lösungen findest du auf S. 155.

Wähle aus.

1 Für Licht gilt die Gleichung $c = \lambda \cdot f$. Nun ist die Wellenlänge von rotem Licht in Luft etwa doppelt so groß wie die von blauem Licht. Daraus folgt für die Frequenz:
A Blaues Licht hat die halbe Frequenz von rotem Licht.
B Blaues Licht hat die doppelte Frequenz von rotem Licht.
C Blaues Licht hat die vierfache Frequenz von rotem Licht.

2 Seifenblasen schillern in den unterschiedlichsten Farben. Diese Farben kommen zustande, weil das Sonnenlicht durch die Seifenblase
A gebrochen wird,
B an unterschiedlichen Stellen reflektiert wird und sich überlagert,
C gestreut wird.

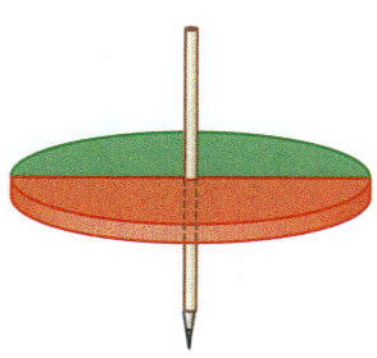

3 Der abgebildete Farbkreisel wird in eine schnelle Drehung versetzt. Welche Farbe nimmst du auf der Scheibe wahr?
A Rot B Gelb C Weiß

4 Wenn weißes Licht auf ein Prisma gelenkt wird, dann entsteht ein Spektrum. Welche der Abbildungen stellt die Farbzerlegung richtig dar?

A B C

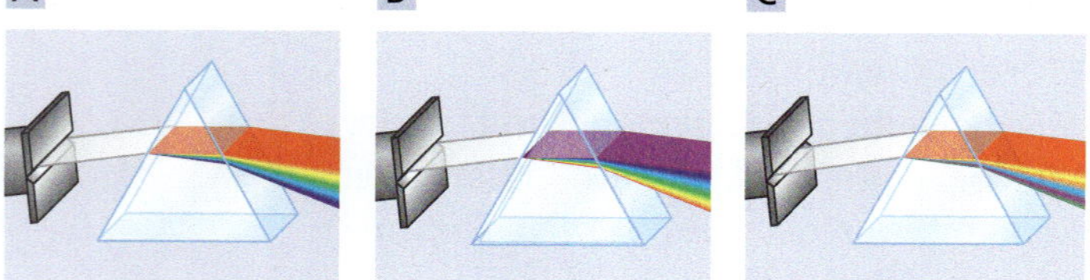

5 Die Aussage „Licht + Licht ergibt Dunkelheit“ ist
A immer falsch, wie unsere Erfahrung zeigt,
B unter bestimmten Bedingungen richtig,
C immer richtig.

6 Lichtwellen sind elektromagnetische Wellen, für die die Gleichung $c = \lambda \cdot f$ gilt.
Die Frequenz der Wellen hängt nur von der Art ihrer Erzeugung ab.
Es gilt dann:
A Je größer die Ausbreitungsgeschwindigkeit ist, desto größer ist die Wellenlänge.
B Je größer die Ausbreitungsgeschwindigkeit ist, desto kleiner ist die Wellenlänge.
C Ausbreitungsgeschwindigkeit und Wellenlänge sind unabhängig voneinander.

7 Ein Körper erscheint uns schwarz, wenn er
A sämtliches auftreffende Licht absorbiert,
B alle Spektralfarben näherungsweise gleich stark reflektiert,
C eine Hälfte des auftreffenden Lichts absorbiert, die andere reflektiert.

8 Bei Tageslicht ist ein Shirt rot. Wird es aber in der Disco mit blauem Licht beleuchtet, dann erscheint es uns
A gelb,
B grün,
C purpur (magenta).

Beantworte ausführlich.

1 Der Italiener FRANCESCO GRIMALDI (1618–1663) entdeckte bei optischen Untersuchungen folgenden Effekt: Durch eine kleine Öffnung im Fensterladen ließ er Sonnenlicht in ein gut abgedunkeltes Zimmer fallen und fing es in einigen Metern Entfernung auf einem Schirm auf. Wenn er in das Licht eine kleine Lochblende brachte, dann war das Bild der Lochblende auf dem Schirm größer als die geometrische Projektion. Außerdem waren die Ränder des Bilds unscharf.
Wie kannst du diese Erscheinung erklären?

2 Nimm feines Gewebe, z. B. einen Regenschirm, oder eine Vogelfeder. Betrachte durch sie hindurch eine Straßenlampe, die etwa zwei Meter entfernt ist.
Beschreibe deine Beobachtungen. Wie kannst du sie erklären?

3 Beschreibe, wie man mithilfe der Spektralanalyse ermitteln kann, welche Stoffe auf Sternen vorhanden sind.

4 Warum ist es berechtigt zu sagen: Licht hat Welleneigenschaften? Entwickle eine Mindmap zu den Eigenschaften des Lichts.

5 Eine Lampe wie in der Abbildung rechts oben sendet rotes Licht aus, eine weitere grünes und eine dritte blaues.

Beziehe in deine Entscheidung auch diese Abbildung mit ein, in der das Licht einer Glühlampe durch drei farbige Gläser gelenkt wird.

Durch welche Mischung entsteht
a) Purpur (Magenta),
b) Blaugrün (Cyan),
c) Weiß?

6 Farbiges Licht gehört zu einer Disco. Dadurch nehmen Besucher unterschiedliche Farben wahr.
Wie entstehen Mischfarben?

7 Blaues Licht ($f = 6{,}5 \cdot 10^{14}$ Hz) geht von Luft in Wasser über.
a) Wie groß ist die Wellenlänge dieses Lichts in Luft?
b) Wie ändern sich Wellenlänge und Frequenz beim Übergang des Lichts in Wasser?
c) Wie groß ist die Wellenlänge des Lichts in Wasser?

4 Physikalisches Praktikum

1 Das Experiment – eine Frage an die Natur
Das Experimentieren gehört zu den grundlegenden Arbeitsweisen eines Physikers. Was musst du beim Experimentieren beachten? Wie kannst du Messwerte erfassen und auswerten?

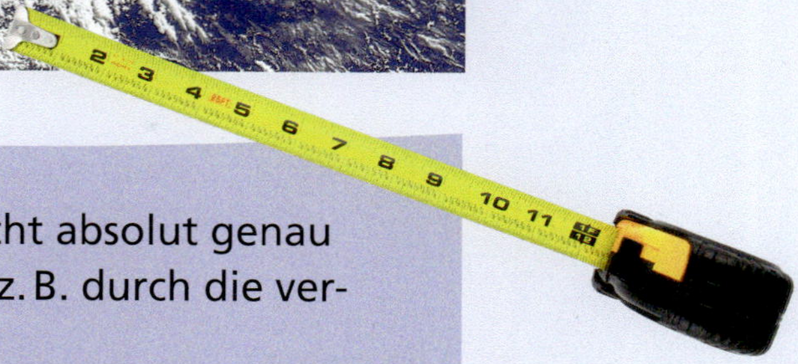

2 **Genau ein Meter?**
Eine physikalische Größe kannst du nicht absolut genau messen. Immer treten Messfehler auf, z. B. durch die verwendeten Messinstrumente.
Welche Messfehler können auftreten und wie beeinflussen sie das Ergebnis deines Experiments?

3 **Computer helfen**
Eine Schnittstelle, die einem Rechner vorgeschaltet ist, wandelt analoge Messwerte, z. B. Zeiten, in digitale Signale um. Welche Besonderheiten ergeben sich beim Experimentieren?

4 **Erfinder gesucht**
Experimente sind besonders spannend, wenn weder Materialien noch ausführliche Anleitungen bereitstehen. Wie kannst du in einem Modellexperiment Tonhöhe und Lautstärke einer Gitarrensaite ändern?

Ohne Experimente keine Physik

Experimente in der Physik

Natürlich sind Aussagen oder Beobachtungen nicht immer so einfach im Experiment nachzuprüfen wie in dem Beispiel oben. Münze und Papier müssen natürlich gleich groß sein.
Experimente sind neben der Arbeit mit Modellen ein wichtiges Mittel, um in der Physik zu neuen Erkenntnissen zu gelangen oder um Vermutungen und Voraussagen zu bestätigen.

> Beim Experimentieren wird eine Erscheinung unter ausgewählten, kontrollierten und wiederholbaren Bedingungen beobachtet und ausgewertet.

Deshalb ist bei jedem Experiment genau zu überlegen, welche Größen und Bedingungen konstant gehalten werden müssen und welche Größe oder Bedingung verändert wird.
Experimente können dazu dienen,
- Zusammenhänge zwischen physikalischen Größen zu untersuchen und damit neue Gesetze zu finden,
- Hypothesen oder Prognosen zu prüfen,
- Stoff- oder Naturkonstanten zu bestimmen.

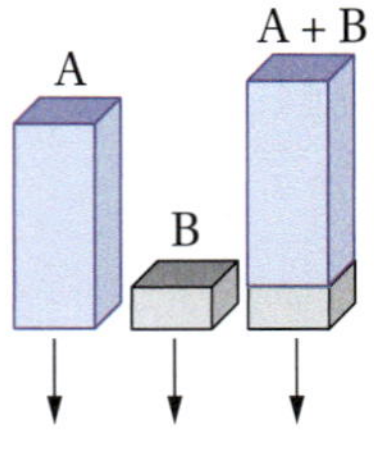

Im Beispiel mit Münze und Papier helfen Überlegungen, wie sie schon GALILEO GALILEI (1564–1642) anstellte, als er die Lehre des ARISTOTELES widerlegte.
Worum ging es? Nach ARISTOTELES fallen schwere Körper schneller als leichte. Die Auffassung wurde bis in das Mittelalter hinein nicht angezweifelt.
GALILEI argumentierte so: Wenn man einen schweren und einen leichten Körper miteinander verbindet, so müssten beide zusammen schneller fallen. Schließlich sind sie zusammen schwerer als nur der schwere Körper.
Andererseits hemmt der leichte Körper die Bewegung des schweren Körpers, da er ja langsamer fallen soll. Folglich müssten beide Körper zusammen langsamer fallen als der schwere Körper. Das aber steht im Widerspruch zur gemachten Annahme.

GALILEI gilt als Begründer der modernen Naturwissenschaften. Um zu neuen Erkenntnissen zu gelangen, entwickelte er eine Herangehensweise, die heute **experimentelle Methode** genannt wird (↗ S. 26/27). Sie verbindet theoretische Überlegungen und experimentelle Untersuchungen.

Sicherheit zuerst!

Das Experimentieren erfordert das Einhalten von Regeln. Nur so kannst du dich und andere vor Gefahren schützen.

- Ordne die Geräte so an, dass der Versuchsaufbau überschaubar ist und du die Messgeräte gut ablesen kannst.
- Stelle offene Flammen und andere Wärmequellen so auf, dass sie nicht umgestoßen oder versehentlich berührt werden können.
- Baue die Versuchsanordnungen standsicher auf.
- Sei besonders vorsichtig beim Umgang mit elektrischem Strom, Chemikalien, Wärmequellen, Glasgeräten und heißen Flüssigkeiten.
- Informiere sofort deine Lehrerin bzw. deinen Lehrer bei unerklärlichen Effekten, möglichen Gefahren und defekten Geräten.

Vorbereiten, Durchführen und Auswerten von Experimenten:
Das Experimentieren ist eine komplexe Tätigkeit. Daher ist es zweckmäßig, in bestimmten Schritten vorzugehen. Bewährt haben sich drei Schritte, die ausgehend von einer gegebenen Aufgabenstellung zu gehen sind:
- Vorbereiten des Experiments,
- Durchführen des Experiments,
- Auswerten des Experiments.

Je nach der Aufgabenstellung kann die Experimentieranordnung gegeben sein oder sie muss erst entwickelt werden.

Die Anleitung zum Experiment kann nur aus der Aufgabenstellung bestehen oder auch relativ ausführlich sein. Erläuterungen dazu, was alles zu den drei oben genannten Schritten gehören kann, ist in einem Beispiel auf den Seiten 34/35 erläutert.

Zu jedem Praktikumsexperiment gehört ein **Protokoll,** in dem alle wichtigen Teilschritte, alle Beobachtungs- und Messergebnisse und die komplette Auswertung enthalten sind.

Ein Beispiel für ein solches Protokoll findest du unter „So kannst du vorgehen“ im Zusammenhang mit der Untersuchung von Gesetzmäßigkeiten an einem Transformator (↗ S. 34/35).

Beachte dabei: Der Inhalt des Protokolls hängt von der jeweiligen experimentellen Aufgabenstellung ab.

Aufgaben

1. Führe die Experimente durch, von denen in der Bildergeschichte auf der Seite 114 die Rede ist. Bewerte das Ergebnis.

2. Erläutere die experimentelle Methode, wie sie unter „So kannst du vorgehen“ auf den Seiten 26 und 27 dargestellt ist.

3. Große Seen kühlen langsamer ab als kleine Teiche. Stelle Hypothesen auf, woran das liegen könnte. Beschreibe Experimente, mit denen du die Hypothesen prüfen könntest.

Ohne Experimente keine Physik

Genauigkeit von Messungen

Liegt die Überraschung an dem Messfehler der Waage?
Welche Messfehler gibt es?

Messen bedeutet Vergleichen. Das Messgerät für die Masse sind Waagen. Eine Einheit der Masse ist ein Kilogramm (1 kg). Beim Messen vergleichst du eine Masse mit dieser Einheit und erhältst z. B. 60 kg.

> Bei jeder Messung treten Messfehler auf.

Messfehler sind grundsätzlich nicht vermeidbar. Du kannst sie aber klein halten bzw. teilweise auch kompensieren.

Messfehler können ihre Ursache haben
- in der Experimentieranordnung,
- in den Messgeräten bzw. Messmitteln,
- beim Experimentator, z. B. bei dir,
- in der Umgebung, in der gemessen wird.

Fehlerursache	Beispiele
Experimentieranordnung	• unzureichende Isolierung und damit Wärmeaustausch mit der Umgebung • Vernachlässigung der elektrischen Widerstände von Zuleitungen • Verzögerungen beim Auslösen von Abläufen durch die Anordnung
Messgeräte, Messmittel	• Jedes Messgerät, z. B. Lineal, Thermometer, Voltmeter, hat eine Genauigkeitsklasse bzw. eine zulässige Fertigungstoleranz. • Messmittel wie Wägestücke und Widerstände haben Toleranzen.
Experimentator	• Ungenauigkeiten beim Ablesen von Messgeräten und beim Auslösen von Zeitmessungen • Fehler durch Verwendung unzweckmäßiger Messgeräte (z. B. kleine Wassermenge in großem Messzylinder, Thermometer mit 1°-Teilung bei der Messung kleiner Temperaturunterschiede)
Umgebung	• Nichtbeachtung der Schwankungen von Temperatur, Druck oder Netzspannung; Erschütterungen

Einige Messfehler werden durch die Experimentieranordnung oder durch die Messgeräte verursacht, aber auch durch den Experimentator selbst. Sie sind nie ganz auszuschließen.
Bei einer digitalen Waage betragen sie ± 1 %, sind also meist vernachlässigbar. Bei 60 kg wären das 600 g.

- Bewerte, ob 1 % deiner Körpermasse für dich vernachlässigbar ist.

Messgerät	Größe des Fehlers
Thermometer 1°-Teilung	± 1 K
Lineal, Winkelmesser, Uhren, Waagen	± 1 % (meist vernachlässigbar)
Federkraftmesser	meist Genauigkeitsklasse 2,0 (2,0 %)
Voltmeter, Amperemeter mit analoger Anzeige	aufgedruckte Genauigkeitsklasse, meist 2,5 (2,5 %)
Digitale Messgeräte	Abweichung um 1 bei der letzten Ziffer

Messfehler von analogen Messgeräten für Stromstärken und Spannungen werden z. B. über die Messgenauigkeit beschrieben. Für ein Voltmeter mit der Genauigkeitsklasse 2,5 bedeutet das bei einem Messbereich von 10 V: Der größte Fehler beträgt bei allen Messungen in diesem Messbereich 2,5 % vom Endwert, also 2,5 % von 10 V und damit ± 0,25 V. Zu diesem Gerätefehler kommt ein möglicher Ablesefehler hinzu.

Messfehler, die der Experimentator verursacht, lassen sich teilweise abschätzen, aber nie vollständig erfassen. So beträgt die Auslöseabweichung beim Stoppen der Zeit per Hand im Mittel 0,25 s. Beim mehrfachen Messen streuen die Messfehler um einen **Mittelwert.**

Ein guter Experimentator analysiert Messfehler bereits **vor** der Durchführung des Experiments und fragt:
- Wodurch können Messfehler verursacht werden?
- Wie können Messfehler vermieden oder klein gehalten werden?
- Welche Größe muss besonders genau gemessen werden, weil sie das Gesamtergebnis stark beeinflusst?
- Reicht eine einmalige Messung oder sind Wiederholungen sinnvoll?

Bei der Auswertung von Messungen musst du die tatsächlich aufgetretenen Messfehler berücksichtigen. Beachte das auch bei der Darstellung von Messwerten in Diagrammen. Zeichne eine Ausgleichskurve, statt einzelne Messpunkte miteinander zu verbinden.

Für die Physik typische Zusammenhänge zwischen zwei Größen *a* und *b*			
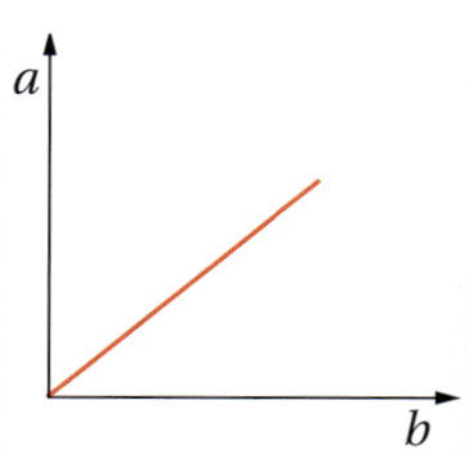	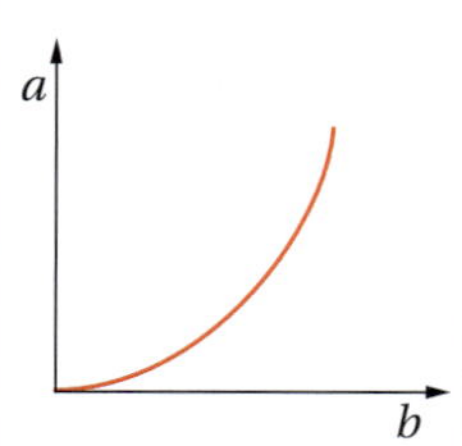	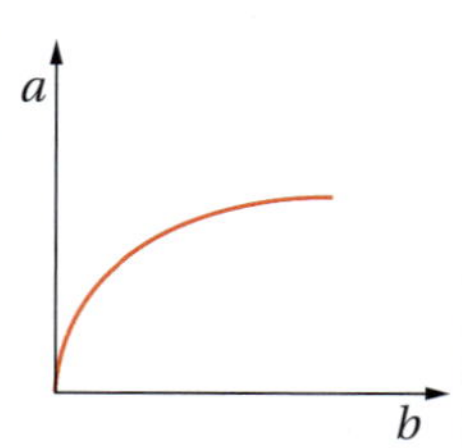	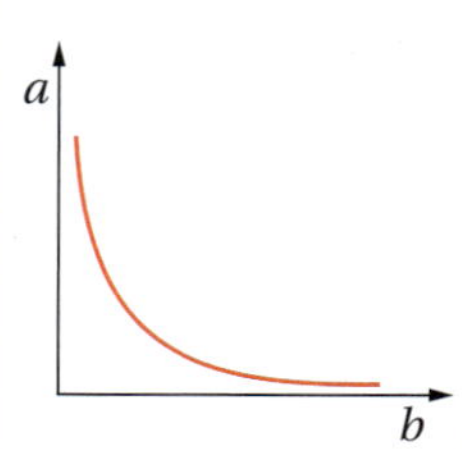
$a \sim b$	$a \sim b^2$	$a \sim \sqrt{b}$	$a \sim \frac{1}{b}$
$\frac{a}{b}$ = konstant	$\frac{a}{b^2}$ = konstant	$\frac{a}{\sqrt{b}}$ = konstant	$a \cdot b$ = konstant

Erforsche es

Dichte von Stoffen

Gleich schwere Körper aus verschiedenen Stoffen haben ein unterschiedliches Volumen. Körper aus verschiedenen Stoffen, deren Volumen gleich ist, sind unterschiedlich schwer. Wie groß die Unterschiede sind, hängt von den Stoffen ab, aus denen Körper bestehen. Diese Stoffeigenschaft beschreibt die physikalische Größe Dichte.
Die Dichtebestimmung ist in der Physik ein typisches Beispiel dafür, wie mithilfe von Experimenten der Wert einer physikalischen Größe ermittelt werden kann. Dabei werden physikalische Gesetze angewendet.

Aufgabe:
Ermittle die Dichte von Stoffen, aus denen verschiedene Körper bestehen:
a) kleinkörnige Körper (Salz oder Reis),
b) regelmäßig geformte feste Körper (verschiedene Würfel oder Quader),
c) unregelmäßig geformte feste Körper (Kartoffeln oder Steine),
d) Flüssigkeiten (Wasser und gesättigte Kochsalzlösung).

Erstaunlich: Diese Körper haben die gleiche Masse.

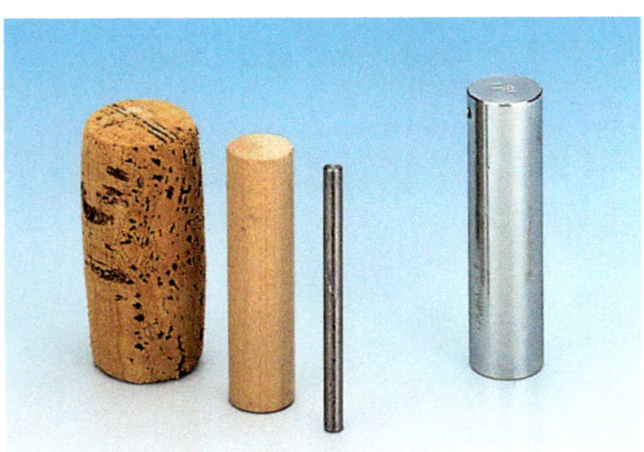

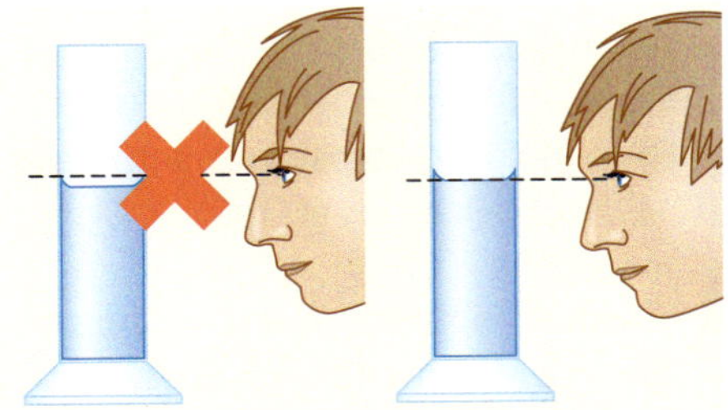

So kannst du Messfehler vermeiden:
- Schätze das Volumen des Körpers und wähle keinen zu großen oder zu kleinen Messzylinder aus.
- Blicke stets in Höhe der Oberfläche des Wassers auf die Skala.
- Lies nicht an der Randkrümmung ab, sondern in der Mitte der Oberfläche des Wassers.

Vorbereitung:
1. Was gibt die Dichte eines Stoffs an? Wiederhole Formelzeichen und Einheiten der Dichte.
2. Leite aus der Gleichung zur Berechnung der Dichte die Größen ab, die gemessen werden müssen.
3. Beschreibe verschiedene Methoden, um die Dichte von Stoffen zu ermitteln.

Zusammenhang zwischen Masse und Volumen von Körpern aus demselben Stoff

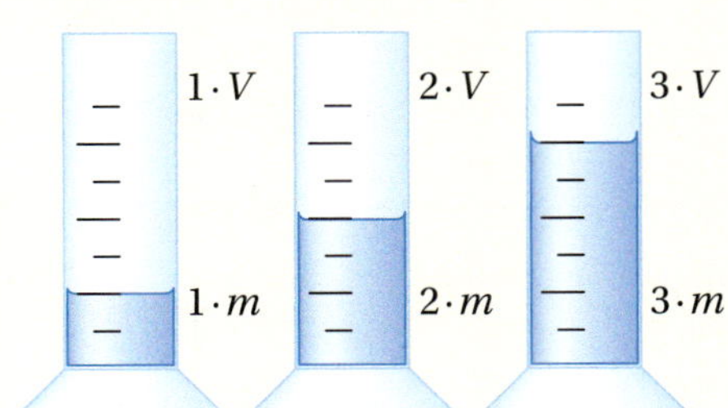

4. Begründe deine Entscheidung für die jeweiligen Methoden.
5. Entwirf eine Messwertetabelle für die zu untersuchenden festen und flüssigen Körper.
6. Bereite ein Protokoll vor. Orientiere dich an „So kannst du vorgehen" auf der Seite 34.

Durchführung:
1. Führe alle notwendigen Messungen aus und protokolliere sie.
2. Bestimme die Dichte der Flüssigkeiten anschließend mit einem Aräometer.

Auswertung:
1. Berechne die Dichte der Stoffe aller Körper.
2. Nutze zum Auswerten der Messwerte ein Tabellenkalkulationsprogramm. Orientiere dich an „So kannst du vorgehen" auf den Seiten 120 und 121.
3. Stelle mithilfe eines Tafelwerks fest, um welchen Stoff es sich bei den einzelnen festen Körpern handeln könnte.
4. Führe Fehlerbetrachtungen in Bezug auf auftretende Abweichungen durch.
5. Vergleiche die berechneten Dichtewerte für die Flüssigkeiten mit denen, die mit dem Aräometer ermittelt wurden. Gib Ursachen für Abweichungen an.

Zusatzaufgabe
Entwickle Ideen, wie du den Zusammenhang zwischen Temperatur und Dichte von Wasser bei konstanter Masse untersuchen kannst. Prüfe diese Ideen.

Wusstest du schon …

Das Aräometer – ein Dichtemesser

Die Dichte von Flüssigkeiten kann man direkt mit einem **Aräometer** messen. Es wird auch als **Senkwaage** bezeichnet. Das Prinzip der Messung beruht darauf, dass ein fester Körper bekannter Masse in einer Flüssigkeit schwimmt. Wie tief er dabei eintaucht, ist ein Maß für die Dichte der Flüssigkeit.
Im einfachsten Fall besteht ein Aräometer aus einem beidseitig verschlossenen Glasrohr wie in der Abbildung in der Randspalte, in das zuvor etwas Bleischrot gefüllt wurde. Dadurch wird erreicht, dass es gut in der Flüssigkeit „steht". An einer Skala wird die Dichte der Flüssigkeit abgelesen. Sinkt das Glasrohr tief in die Flüssigkeit ein, so hat sie eine kleine Dichte. Geringere Eintauchtiefe in einer anderen Flüssigkeit bedeutet größere Dichte.

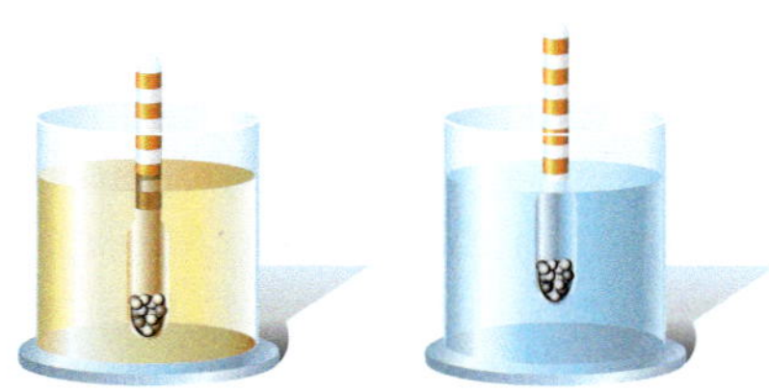

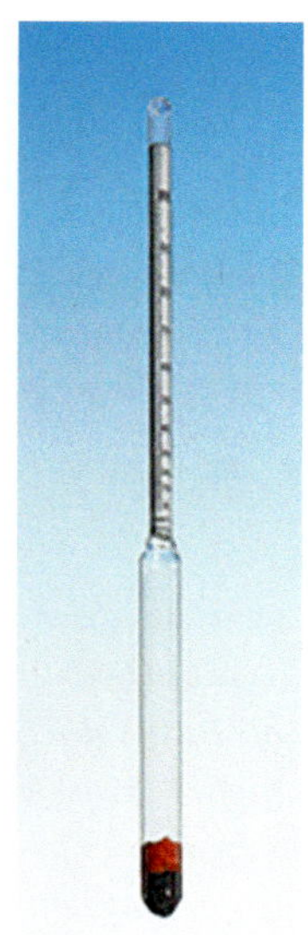

So kannst du vorgehen

Auswerten von Messreihen mit einem Computerprogramm

Mit einem Computerprogramm zur **Tabellenkalkulation** kannst du Daten in Tabellen ordnen, in Diagrammen veranschaulichen und Berechnungen durchführen.

Für fünf Zuckermengen werden Volumen und Masse gemessen:

Volumen V in ml	Masse m in g
0	0
100	110
200	215
300	330
400	435
500	545

Untersuche, welcher Zusammenhang zwischen der Masse und dem Volumen besteht. Stelle die Messwerte in einem $m(V)$-Diagramm dar. Interpretiere das Diagramm.

Um zu erkennen, welcher Zusammenhang zwischen Masse und Volumen vorliegt, gibt es zwei Möglichkeiten:

a) Es wird der Quotient aus Masse und Volumen gebildet. Wenn dieser Quotient konstant ist, dann liegt eine direkte Proportionalität zwischen beiden Größen vor.

b) Es wird das $m(V)$-Diagramm gezeichnet. Ist der Graph eine Gerade, die durch den Koordinatenursprung verläuft, so sind Masse und Volumen direkt proportional zueinander.

*Der Quotient aus der **Masse m** und dem **Volumen V** ist die **Dichte ϱ**:* $\varrho = \frac{m}{V}$

Für ein und denselben Stoff ist die Dichte gleich groß. Die Dichte ist eine Stoffeigenschaft.

Für die Auswertung von Messreihen eignet sich jedes Tabellenkalkulationsprogramm.
Hier wird das Programm **MS Excel** verwendet. Eine kostenlose Alternative bietet **Open Office.**

▸ Schritt 1

Stelle die Messwerte in einer Tabelle dar und berechne einen Quotienten.

1. Öffne das Tabellenkalkulationsprogramm.
2. Trage in die erste Zeile den Kopf der Tabelle ein.
   Der Tabellenkopf kann farbig, die Schrift fett gestaltet werden. Markiere die jeweiligen Zellen im Tabellenkopf und nimm im Menü „Format" die entsprechenden Einstellungen vor.
3. Speichere die Daten unter einem Dateinamen, z. B. „Masse-Volumen-Diagramm".
4. Gib die Messwerte für die Masse in g und für das Volumen in cm ein.
5. Wenn du einen Quotienten berechnen willst, z. B. $\frac{m}{V}$, kannst du so vorgehen:
   - Markiere das Feld C3.
   - Gib die Rechenoperation = B3/A3 ein.
     Drücke „Enter".
   - Wiederhole das für die Felder C4 bis C7 oder kopiere die Formel und füge sie ein.

Du erhältst die Tabelle auf der gegenüberliegenden Seite rechts oben.

► Schritt 2

Stelle die Messwerte in einem Diagramm dar.

Auch ein $m(V)$-Diagramm kannst du mit einem Tabellenkalkulationsprogramm erstellen. Der Graph für eine oder auch für mehrere Messreihen lässt sich in einem Diagramm darstellen.

1. Trage die Messwerte so in die Tabelle ein, wie es oben rechts dargestellt ist.
2. Markiere alle Messwerte.
3. Wähle in der Menüleiste den Diagrammtyp und einen Diagrammuntertyp.
4. Nun kannst du das Diagramm benennen, die Achsen beschriften und die Gitternetzlinien wählen. Damit erhältst du das unten abgebildete $m(V)$-Diagramm.

Der Graph für Zucker ist eine Gerade, die durch den Koordinatenursprung verläuft. Das bedeutet:
Masse und Volumen sind direkt proportional zueinander:

$$m \sim V$$

Das bestätigt sich auch, wenn du die Quotienten aus m und V bildest. Sie sind näherungsweise konstant:

$$\frac{m}{V} = \text{konstant}$$

Die Dichte von Zucker ist etwas größer als die von Wasser. Sie beträgt 1,09 $\frac{g}{cm}$ *(↗ Tabelle oben).*
In einem gemeinsamen Diagramm würde die Gerade für Zucker deshalb etwas steiler verlaufen als die für Wasser. Die Masse von Zucker ist etwas größer als die Masse der gleichen Menge von Wasser.

	A	B	C
1	Volumen V in cm	Masse m in g	Dichte ϱ in $\frac{g}{cm}$
2	0	0	–
3	100	110	1,10
4	200	215	1,08
5	300	330	1,10
6	400	435	1,09
7	500	545	1,09

- Ermittle mithilfe des Kalkulationsprogramms die Dichten für andere Stoffe.

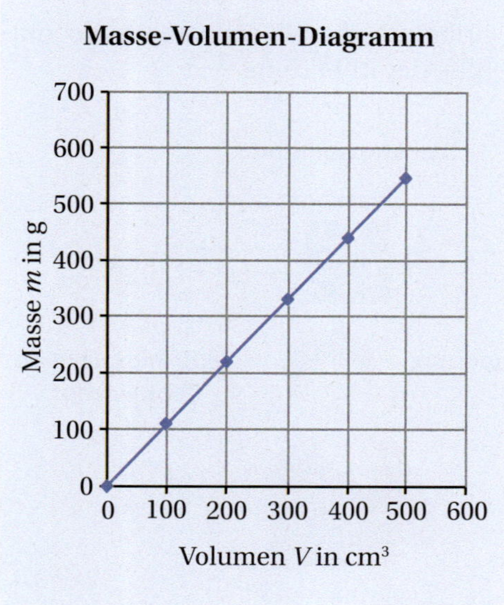

Erforsche es

Kennlinien von Bauelementen – Untersuchungen mit einer Blackbox

Elektrische Bauelemente werden durch Kennlinien charakterisiert. Nimmt man durch Messungen von Spannung und Stromstärke eine Kennlinie auf, dann kann man auf das Bauelement selbst schließen.
Das gelingt auch dann, wenn das Bauelement unserer direkten Wahrnehmung nicht zugänglich ist, weil es sich z. B. in einer **Blackbox,** einem „schwarzen Kasten" wie in der Abbildung unten, befindet. Voraussetzung ist, dass man die Kennlinien der jeweiligen Bauelemente kennt.

Inputs können elektrische Signale wie die Spannung, aber auch optische Signale wie das Licht sein.

Durch systematisches Verändern von Eingangssignalen (Inputs) und das Beobachten und Erfassen der zugehörigen Ausgangssignale (Outputs) kannst du Rückschlüsse auf die innere Struktur einer Blackbox ziehen.

- Erläutere die Blackboxmethode mithilfe der Abbildung.

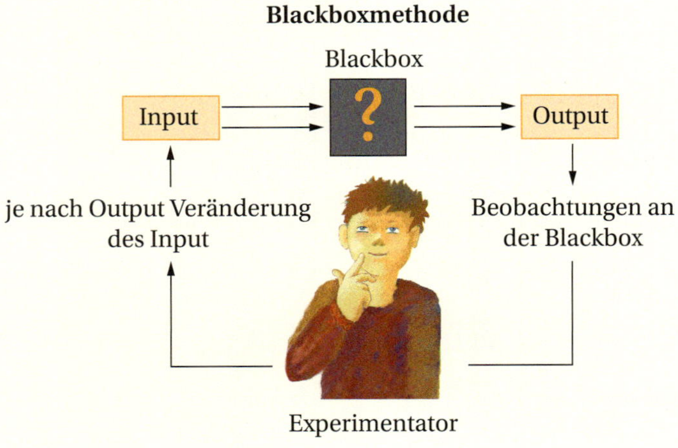

Aufgabe:
Ermittle durch Messungen von Stromstärke und Spannung, welches Bauelement (Konstantandraht, Glühlampe und Halbleiterdiode) sich in der jeweiligen Blackbox befindet, die deine Lehrkraft bereitgestellt hat. Wende die Blackboxmethode an.

Vorbereitung:
1. Interpretiere die Kennlinien in der Abbildung und ordne sie Bauelementen zu.

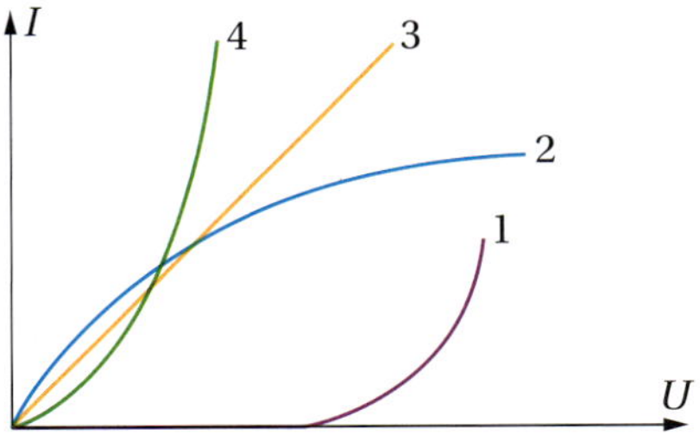

2. Plane eine Folge von Experimenten, die es ermöglicht, mit wenigen Messungen die jeweiligen Bauelemente herauszufinden.

Durchführung:
1. Baue die Schaltung nach der Abbildung oben auf der Seite 123 auf. Ändere die Spannung zweckmäßigerweise mit einer Potenziometerschaltung. Schalte einen Vorwiderstand R in Reihe mit der Blackbox, um die Bauelemente in der Blackbox zu schützen.

Schaltplan zur Untersuchung einer Blackbox

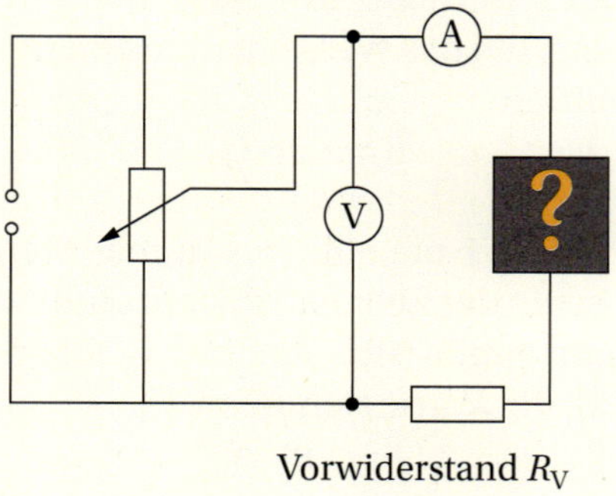

2. Stelle zu Beginn der Messungen die Maximalspannung am Potenziometer ein, die am Arbeitsplatz vorgegeben ist.
   Wähle dann geeignete Messbereiche an den Vielfachmessgeräten.
   Diese Messbereichseinstellung wird für die Messungen an der jeweiligen Blackbox beibehalten.
3. Führe für jede Blackbox die erforderlichen Messungen für die Spannungen und Stromstärken durch. Erhöhe dazu die Spannung bis zum Maximalwert. Wiederhole die Messungen gegebenenfalls.
4. Erfasse die Messwerte in übersichtlicher, gut auswertbarer Form.

Achte auf die Polung (↗ S. 125). Bei einem digitalen Gerät ist das nicht nötig.

Auswertung:
1. Zeichne die Kennlinie des Bauelements. Interpretiere das $I(U)$-Diagramm.
2. Beantworte die experimentelle Aufgabe. Begründe deine Entscheidung für das jeweilige Bauelement.

Zusatzaufgabe:
Untersuche die Kennlinie eines weiteren Bauelements, z. B. eines Heißleiters. Trage den Graphen in das gleiche Koordinatensystem ein. Vergleiche die Graphen.

Regeln für einen sicheren Umgang mit elektrischem Strom

- Experimentiere niemals mit Spannungsquellen, die eine Spannung von 25 V und mehr besitzen! Beachte: Die Netzspannung beträgt 230 V und ist daher lebensgefährlich!
- Berühre niemals die Pole einer Steckdose mit bloßen Händen, metallischen Gegenständen oder anderen Leitern, z. B. Bleistift- oder Kugelschreiberminen!
  Sehr gefährlich sind auch blanke Leitungen und Leitungen mit schadhafter Isolierung.
- Schließe Geräte stets an die richtige Spannungsquelle an!
  Die Spannungen von Spannungsquelle und Gerät müssen annähernd übereinstimmen.
- Fasse Geräte, die an eine Steckdose angeschlossen sind, niemals mit feuchten oder gar nassen Händen an!
- Ziehe Stecker niemals an den Leitungen aus der Steckdose, sondern stets am Stecker!
- Baue Experimente nur bei ausgeschalteter elektrischer Spannungsquelle auf!

Erforsche es

Wirkungsgrad von Geräten

Alle technischen Geräte haben einen Wirkungsgrad, der kleiner als 1 oder als 100 % ist. Das bedeutet: Die zugeführte Energie ist bei einem beliebigen Gerät stets größer als die nutzbringende Energie. Das gilt für Glühlampen oder Heizgeräte ebenso wie für Elektromotoren, Generatoren oder Transformatoren.

Der Wirkungsgrad kennzeichnet die Güte eines Geräts.

Je größer jedoch der nutzbringende Teil ist, desto geeigneter ist z. B. ein Gerät für die Energieumwandlung.

Wirkungsgrad einer Heizplatte

Aufgabe:
Ermittle den Wirkungsgrad einer Heizplatte (230 V/150 W) beim Erwärmen von 0,1 l Wasser.

Die zugeführte elektrische Energie E ergibt sich aus der Leistung P und der Einschaltdauer t der Heizplatte:

$$E = P \cdot t$$

Wie nutzbringend diese elektrische Energie in thermische Energie umgewandelt werden kann, zeigt sich in der Wärme, die das Wasser in derselben Zeit aufnimmt:

$$E = \Delta E = Q$$

Die Wärme, die eine bestimmte Menge Wasser in der Zeit der Wärmezufuhr aufnimmt, ergibt sich aus der Grundgleichung der Wärmelehre:

$$Q = c \cdot m \cdot \Delta T$$

Vorbereitung:
1. Interpretiere die Gleichungen für die zugeführte und nutzbringende Energie sowie den Wirkungsgrad.
2. Übernimm die Messwertetabelle in dein Protokoll. Alle Größen findest du in der Zusammenstellung rechts unten.

t in s	ΔT in K	m in kg	E in kJ	E in kJ	η
30	...	0,1	...	...	...

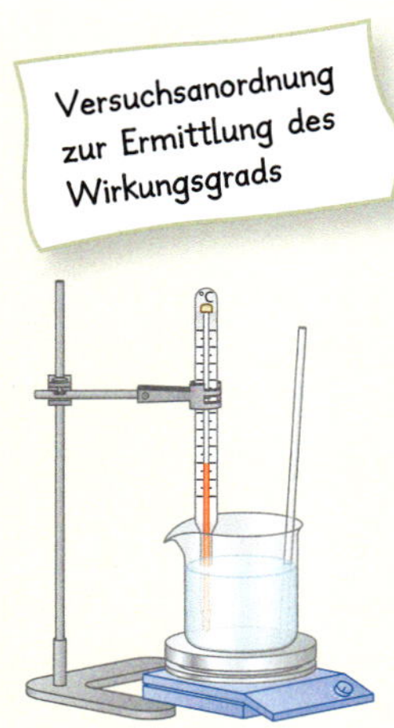

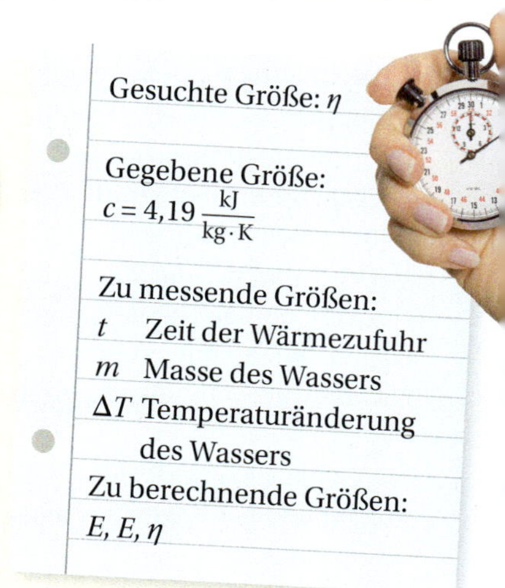

Durchführung:
1. Baue den Versuch so wie in der Abbildung auf der Seite 124 unten auf.
2. Miss nach jeweils 30 s die Temperaturänderung. Trage die gemessenen Größen in die Messwertetabelle ein.

Auswertung:
1. Berechne die zugeführte und die nutzbringende Energie und trage die Werte in die Tabelle ein.
2. Ermittle die Wirkungsgrade und vergleiche sie.
3. Welche Messfehler können bei den Messungen aufgetreten sein? Überlege dir Vorschläge, wie sie verringert werden könnten.

Nutzung eines Vielfachmessgeräts
- Wähle die Betriebsart Gleichstrom bzw. Gleichspannung.
- Schalte das Gerät aber niemals zwischen Spannung und Stromstärke um, wenn der Stromkreis bereits geschlossen ist.
- Achte auf die Polung. Bei einem digitalen Gerät ist das nicht nötig.
- Beginne die Messung mit dem größten Messbereich. Digitale Geräte wählen den Bereich meistens automatisch.
- Schalte bei kleinem Zeigerausschlag auf den nächstkleineren Messbereich.
- Beachte beim Ablesen der Stromstärke bei analogen Messgeräten die richtige Skala, bei digitalen Messgeräten die Einheit.

Wirkungsgrad eines Elektromotors

Aufgabe:
Baue ein Modell einer Seilwinde und ermittle den Wirkungsgrad der Anordnung beim Heben eines Körpers. ⊕

Vorbereitung:
1. Welche Energieumwandlungen erfolgen bei einer Seilwinde?
2. Welche Größen müssen gemessen, welche berechnet werden?
3. Welche Messgeräte sind dafür erforderlich?
4. Bereite eine Messwertetabelle vor, in der alle zu messenden und zu berechnenden Werte erfasst werden können.
5. Entwickle eine Gleichung zur Berechnung des Wirkungsgrads.

Durchführung:
1. Orientiere dich beim Versuchsaufbau an der Abbildung rechts.
2. Erkunde bei der Lehrkraft die Leistung des Motors bzw. miss die Leistung mit einem Leistungsmesser.
3. Führe die Messungen durch.

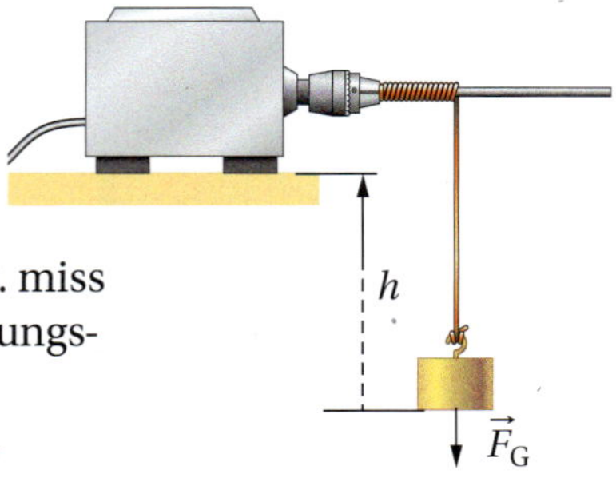

Auswertung:
Berechne den Wirkungsgrad der Anordnung und kommentiere ihn.

Erforsche es

Löst diese Aufgabe in Gruppenarbeit.

Wirkungsgrad eines Transformators

Aufgabe:
Untersucht die Abhängigkeit des Wirkungsgrads eines Transformators von seiner Belastung, der Sekundärstromstärke.

Wenn nacheinander gleichartige Glühlampen parallel in den Sekundärkreis eines Transformators geschaltet werden, dann belastet jede Glühlampe den Transformator mehr. Sie leuchten immer schwächer.

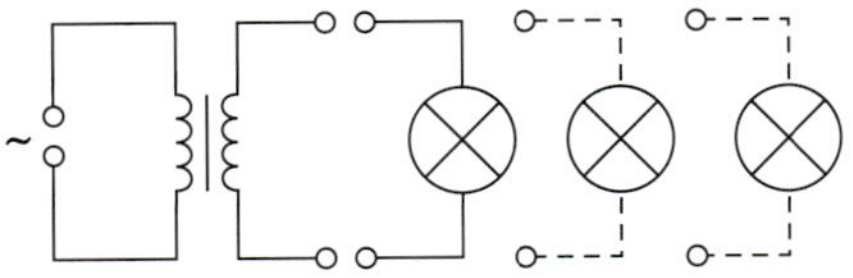

Vorbereitung:
1. Findet eine Erklärung dafür, dass die Glühlampen im Sekundärkreis eines Transformators immer schwächer leuchten.
2. Diskutiert in der Gruppe:
   Ist es zweckmäßig, arbeitsteilig vorzugehen? Wer experimentiert, wer protokolliert? Wann erfolgt ein Wechsel? Legt die Schritte fest, nach denen ihr vorgehen wollt.

Durchführung:
1. Baut einen Transformator zusammen. Beachtet: Die geschliffene Seite des I-Kerns muss auf dem U-Kern liegen. Wählt als Spulenkombinationen 2 Spulen mit 250 Windungen und legt eine Spannung U von höchstens 3 V an.
2. Baut die Schaltung nach dem Schaltplan auf.

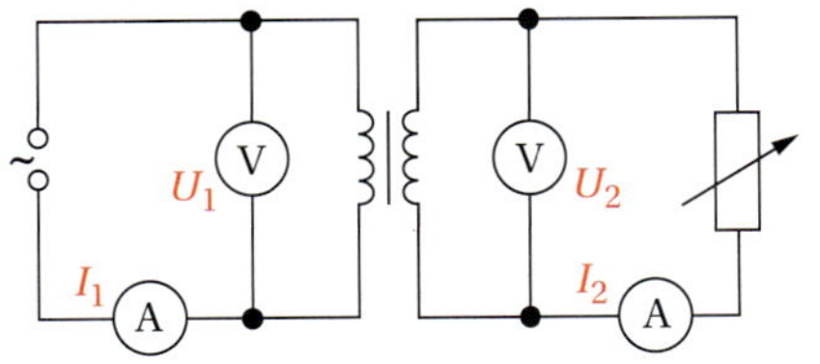

3. Stellt mit dem regelbaren Widerstand die größte Sekundärstromstärke ein, um den günstigsten Messbereich für das Amperemeter zu finden. Stellt dann die kleinste Stromstärke ein, um den günstigsten Messbereich für das Voltmeter zu finden. Behaltet die eingestellten Messbereiche für die gesamte Messreihe bei.
4. Messt für 8 verschiedene Werte von I jeweils U, I und U. Die Werte für I sollen gleichmäßig über den gesamten Bereich verteilt sein.
5. Erfasst alle Messwerte in der vorbereiteten Messwertetabelle.

Auswertung:
1. Berechnet zu jeder Stromstärke I den Wirkungsgrad des Trafos.
2. Stellt die Abhängigkeit des Wirkungsgrads von der Sekundärstromstärke in einem Diagramm dar. Interpretiert dieses Diagramm.
3. Diskutiert mögliche Fehler.

Volumenänderung von Flüssigkeiten

Aufgabe:
Untersuche die Volumenänderung einer Flüssigkeit bei Temperaturerhöhung. Wende die experimentelle Methode an.

Vorbereitung:
1. Stelle eine Hypothese auf, wie sich der Flüssigkeitsstand in der Messpipette ändert, wenn sich die Temperatur erhöht. Formuliere eine Wenn-dann-Aussage.
2. Bereite eine Messwertetabelle nach folgendem Muster für 10 Messwertepaare vor:

ϑ in °C	ΔT in K	ΔV in ml
	0	
	5	
	10	
	15	

Durchführung:
1. Baue die Anordnung wie in der Abbildung standsicher auf. Anstelle der Messpipette kannst du auch ein Steigrohr verwenden.

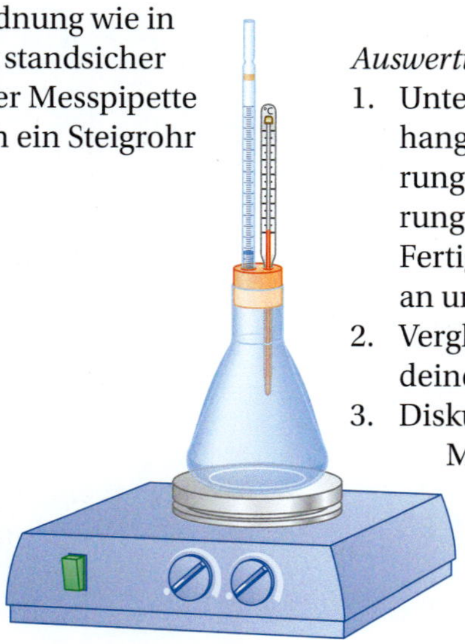

2. Fülle den Glaskolben mit Wasser. Beim Aufsetzen des Stopfens mit Thermometer und Pipette soll etwas Wasser in der Pipette zu erkennen sein.
   Markiere den Anfangsstand des Wassers. Das Steigrohr darf nach unten nicht über den Stopfen hinausragen, damit alle Luft entweichen kann. Der Stopfen muss fest sitzen.
3. Mach dich mit der Skala der Messpipette rechts vertraut.
4. Miss die Anfangstemperatur.
5. Setze den Glaskolben auf die Heizplatte und lies alle 5 K die Volumenänderung gegenüber dem Anfangsstand ab.
6. Beende das Experiment, bevor Flüssigkeit aus dem Steigrohr austritt, indem du den Glaskolben von der Heizplatte nimmst. Achtung! Es besteht Verbrennungsgefahr.

Auswertung:
1. Untersuche, welcher Zusammenhang zwischen der Volumenänderung ΔV und der Temperaturänderung ΔT besteht.
   Fertige dazu ein $\Delta V(\Delta T)$-Diagramm an und interpretiere es.
2. Vergleiche deine Ergebnisse mit deiner Hypothese.
3. Diskutiere auftretende Messfehler. Welcher hat das Ergebnis am stärksten beeinflusst?

5 Wahlpflichtbereiche

1 „Schärfstes Galaxienbild aller Zeiten"

Seit 1990 umkreist das Hubble-Weltraumteleskop in einer Höhe von etwa 600 km die Erde und liefert zahlreiche Aufnahmen im ultravioletten, sichtbaren und infraroten Bereich.
Recherchiere, wie das zitierte Foto zustande gekommen ist.

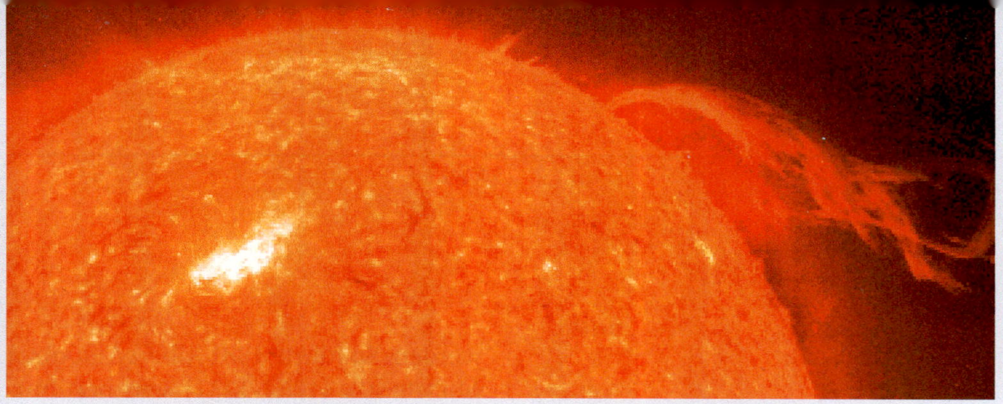

2 **Äquivalenz von Masse und Energie**
Die Gleichung $E = m \cdot c^2$ gilt als die wahrscheinlich bekannteste Gleichung der Physik. Sie hat fundamentale Bedeutung. Interpretiere diese Gleichung. Wer hat sie aufgestellt?

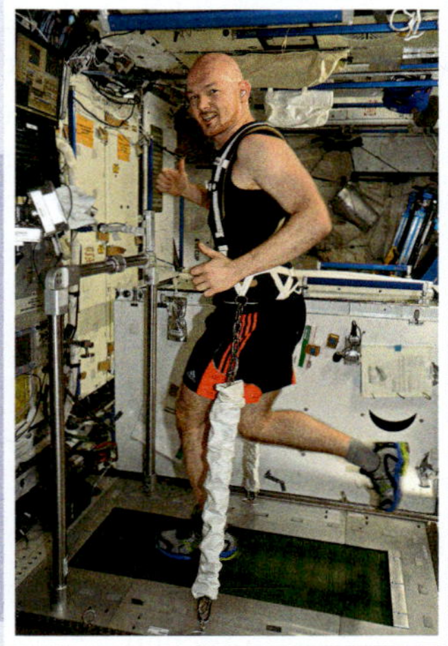

3 **Die letzten Kilometer im Weltall**
Der ESA-Astronaut Alexander Gerst flog 2014 an Bord eines russischen Sojus-Raumschiffs zur Internationalen Raumstation ISS. Regelmäßig schickte er faszinierende Fotos aus dem All zur Erde. Recherchiere, wie er dort fast ein halbes Jahr lang lebte und forschte.

4 **Von der klassischen zur modernen Physik**
Albert Einstein interessierte schon als Kind die Lichtgeschwindigkeit und deren Bedeutung. So stellte er sich vor, wie die Welt aussähe, wenn man mit einem Lichtstrahl reisen würde. 1905 veröffentlichte er völlig neue Vorstellungen über Raum und Zeit.
Erkunde, welche Vorstellungen das waren.

Erforsche es

Moderne Physik

Insbesondere die klassische Mechanik galt als eine abgeschlossene Theorie. Ihre Grundlagen wurden bereits 1686 von dem englischen Physiker ISAAC NEWTON (1643–1727) formuliert.

Am Ende des 19. Jahrhunderts schienen die wichtigsten Fragen der Physik geklärt zu sein. Die newtonsche Mechanik basiert auf der Annahme, dass sich Körper in einem **absoluten Raum** und in einer **absoluten Zeit** bewegen. Zeit und Raum beeinflussen sich nicht und sind vom Bewegungszustand eines Körpers unabhängig.
Schon bei NEWTON findet sich die Vorstellung, dass der absolute Raum mit einem Stoff geringer Dichte ausgefüllt ist, dem **Äther.** Die Vorstellung vom Äther entwickelte sich im 19. Jahrhundert zur dominierenden Vorstellung in der klassischen Physik. Insbesondere ging man davon aus, dass der Äther der Träger der Lichtwellen sei.
Diese Vorstellungen der klassischen Mechanik mussten experimentell geprüft werden. So führte 1881 Albert ABRAHAM MICHELSON (1852–1931) sein berühmtes Experiment zum Nachweis eines ruhenden Äthers und somit zur Existenz eines absoluten Raums durch. Dieser und alle weiteren Versuche schlugen zur Überraschung vieler Physiker allerdings fehl, was letztlich für die Konstanz der Lichtgeschwindigkeit sprach.

1. Informiert euch im Internet über das Experiment von MICHELSON und erarbeitet ein Lernplakat.

Neue Vorstellungen über Raum und Zeit entwickelte der deutsche Physiker ALBERT EINSTEIN (1879–1955). Dies war die Geburtsstunde der speziellen Relativitätstheorie, die auf zwei grundlegenden Postulaten aufbaut: dem **Relativitätsprinzip** und dem **Prinzip von der Konstanz der Lichtgeschwindigkeit.**

Grenzen der Gültigkeit der newtonschen Mechanik

Die Gesetze der newtonschen Mechanik gelten für Geschwindigkeiten, die wesentlich kleiner als die Lichtgeschwindigkeit sind. Die Lichtgeschwindigkeit im Vakuum ist eine Grenzgeschwindigkeit.

Bei sehr großen Geschwindigkeiten gelten die Gesetze der speziellen Relativitätstheorie. Die Lichtgeschwindigkeit hängt nicht von der Bewegung des Beobachters ab. Wichtige Folgerungen sind:

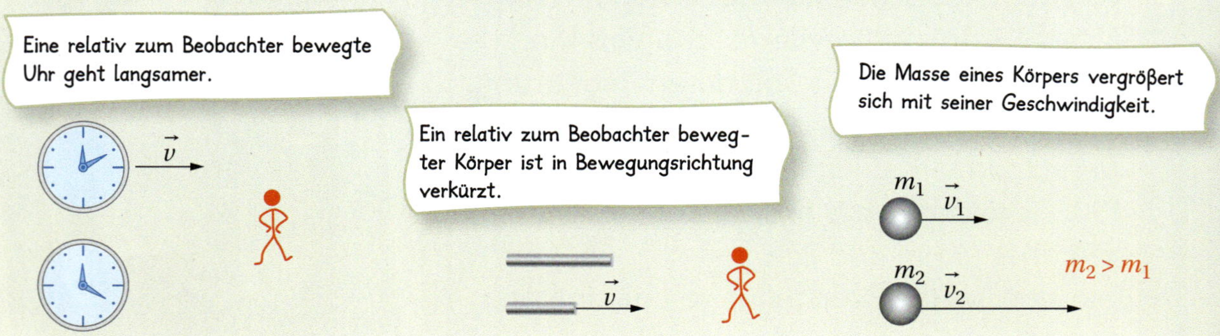

Relativitätsprinzip: Jede Bewegung ist eine Orts- oder Lageveränderung eines Körpers gegenüber einem anderen Körper, dem **Bezugskörper,** oder einem **Bezugssystem.**
Jede Bewegung ist relativ und kann in verschiedenen Bezugssystemen beschrieben werden. Alle Bezugssysteme, die sich gleichförmig und geradlinig bewegen, heißen **Inertialsysteme.** Alle Inertialsysteme sind in Bezug auf physikalische Gesetze gleichberechtigt. Folglich gelten die Gesetze in gleicher Weise.
So fällt ein Stein in jedem Inertialsystem, das sich gegenüber einem anderen geradlinig gleichförmig bewegt, nach den Gesetzen des freien Falls. Ebenso rollt eine Kugel, die sich geradlinig gleichförmig bewegt, in jedem Inertialsystem so.

2. Formuliert das Relativitätsprinzip mit eigenen Worten und diskutiert selbst gewählte Beispiele.

Konstanz der Lichtgeschwindigkeit:
Die Lichtgeschwindigkeit c ist im Vakuum in allen Inertialsystemen stets gleich groß. Sie ist unabhängig von der Bewegung der Lichtquelle oder der Bewegung des Beobachters bei der Messung. Ihr Wert beträgt:

$c = 299\,792{,}485\,\frac{\text{km}}{\text{s}} \approx 300\,000\,\frac{\text{km}}{\text{s}}$

Diese Annahme widerspricht nicht nur unserer Erfahrung, sondern auch der klassischen Mechanik. So ergeben sich für Beobachter A und B in der linken Spalte der Tabelle unterschiedliche Ergebnisse, wenn sie die Geschwindigkeit einer Person ermitteln, die sich in Richtung des fahrenden Zugs bewegt.
Wenn die beiden Beobachter anstelle der Geschwindigkeit der gehenden Person die Geschwindigkeit eines Lichtblitzes wie in der rechten Spalte messen, kommen sie nach EINSTEIN zu demselben Ergebnis, nämlich auf $300\,000\,\frac{\text{km}}{\text{s}}$.

<table>
<tr><th>Klassische Betrachtungsweise</th><th>Relativistische Betrachtungsweise</th></tr>
<tr><td>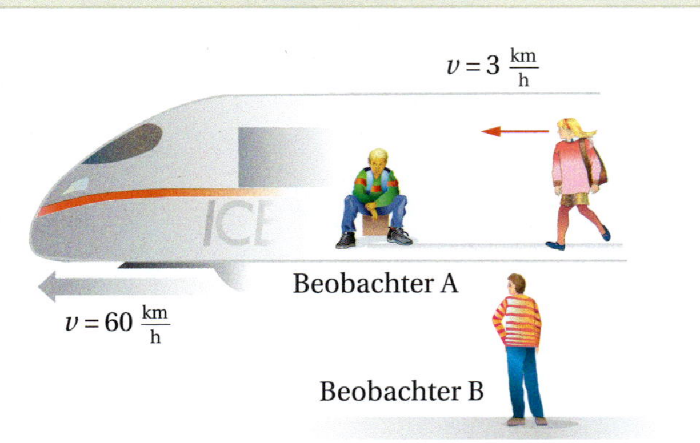
</td><td>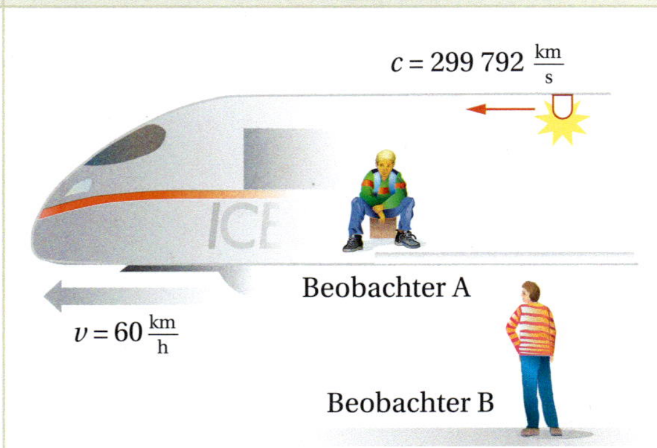
</td></tr>
<tr><td>Für einen Beobachter außerhalb des fahrenden Zugs addieren sich die Geschwindigkeiten der gehenden Person und des fahrenden Zugs.</td><td>Für beide Beobachter breitet sich das Licht mit der gleichen Geschwindigkeit aus, unabhängig von der Geschwindigkeit des fahrenden Zugs.</td></tr>
</table>

Erforsche es

Der von MICHELSON durchgeführte Versuch (↗ S. 130) ist auch deshalb von fundamentaler Bedeutung, weil sein Ergebnis das Postulat von der Konstanz der Lichtgeschwindigkeit untermauerte.
Insgesamt konnte EINSTEIN aus den beiden Postulaten folgern, dass bewegte Uhren langsamer gehen (Zeitdilatation) und Körper bei hohen Geschwindigkeiten verkürzt erscheinen (Längenkontraktion).

Diese Folgerungen waren so revolutionär, dass viele Physiker sie zunächst für wenig wahrscheinlich hielten.

Die Zeitdilatation: Zu ihrem Nachweis stellen wir uns wiederum einen Beobachter A in einem fahrenden Zug vor (↗ Tabelle links). Dieser beobachtet Licht, das von einer Lampe aus senkrecht auf den Boden trifft. Dort wird es von einem Spiegel reflektiert und gelangt zum Ausgangspunkt zurück. Für den halben Weg betrage die Zeit t'. Wir nehmen an, dass die Zeit des Lichts mit einer Uhr exakt bestimmt werden kann.

Für Beobachter B außerhalb des Zugs sind Lampe und Spiegel in Bewegung (↗ Tabelle rechts). Noch bevor das Licht den Boden erreicht, hat sich der Spiegel etwas nach vorn bewegt. Der Lichtstrahl müsste sich also schräg nach unten bewegen und somit eine längere Strecke zurücklegen. Da die Lichtgeschwindigkeit in beiden Bezugssystemen gleich ist, misst Beobachter B für den gleichen Vorgang eine größere Zeit t.

Die bewegte Uhr geht also langsamer als die ruhende Uhr.

Zwischen beiden Zeiten t und t' besteht folgender Zusammenhang:

$$t = t' \cdot \frac{1}{\sqrt{1 - \frac{v^2}{c^2}}}$$

Die erste experimentelle Bestätigung der Zeitdilatation gelang den amerikanischen Physikern HAFELE und KEATING 1971 unter Nutzung von Atomuhren.

Klassische Betrachtungsweise	Relativistische Betrachtungsweise
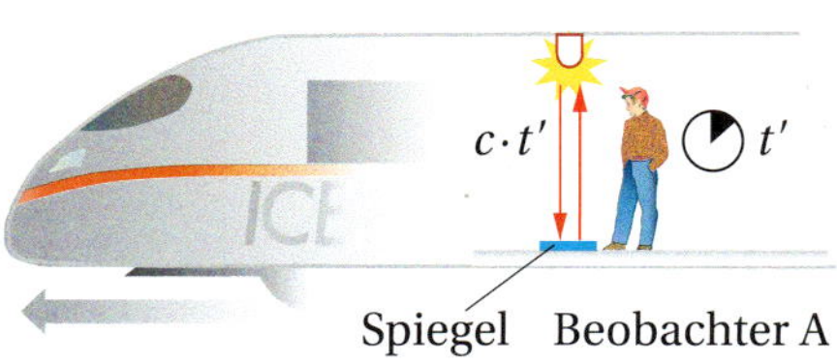	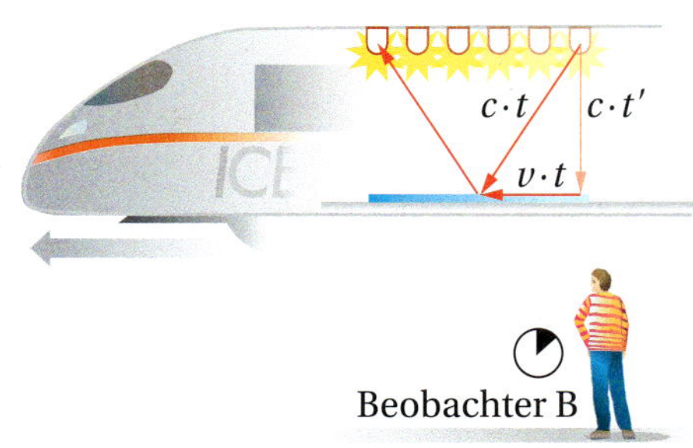
Für einen Beobachter im Zug gelangt das Licht zum Ausgangspunkt zurück und legt in der Zeit t' den Weg $s = c \cdot t'$ zurück.	Für einen Beobachter außerhalb des Zugs bewegt sich das Licht schräg nach unten und legt einen längeren Weg zurück.

1. Interpretiert die Gleichung für die Zeitdilatation. Begründet, warum aufgrund des hohen Werts für die Lichtgeschwindigkeit die Zeitdilatation bei normalen Geschwindigkeiten vernachlässigt werden kann. ⊕

Das Zwillingsparadoxon:
Da die Zeit in zueinander bewegten Inertialsystemen unterschiedlich schnell verläuft, müssten Personen verschieden schnell altern, die sich in solchen Systemen befinden.
Wenn sich ein Zwilling mit Lichtgeschwindigkeit mehrere Jahre durch das All bewegt, so ist er nach seiner Rückkehr zur Erde deutlich weniger gealtert als sein daheim gebliebener Bruder. Diese Erscheinung heißt **Zwillingsparadoxon** und hat folgenden Grund: Wenn beide Bezugssysteme gleichberechtigt sind, dann verharrt der „Raketenzwilling" im Zustand der Ruhe und somit altert der „Erdzwilling" weniger stark.
Dieser Widerspruch wird durch die Tatsache gelöst, dass sich der „Raketenzwilling" eben nicht ständig in einem Inertialsystem befindet. Seine Rakete wird während der Reise mehrfach beschleunigt bzw. abgebremst. Die Erde bewegt sich dagegen gleichförmig. Deshalb ruht nur der „Erdzwilling" und altert stärker.

2. Von einem Zwillingspaar lebt ein Zwilling auf der Erde, der andere fliegt nach irdischer Zeitmessung 20 Jahre mit einer Geschwindigkeit von 0,8 c durch das All. Wie alt sind die beiden Brüder bei der Rückkehr des Reisenden, wenn sie beim Start der Rakete 25 Jahre alt waren? ⊕

Die Masse-Energie-Beziehung:
Die wohl wichtigste Folgerung der speziellen Relativitätstheorie ist die Erkenntnis, dass die Energie E eines Körpers zu dessen Masse m und zum Quadrat der Lichtgeschwindigkeit c^2 proportional ist.

Es gilt: $E = m \cdot c^2$

Masse und Energie sind zueinander **äquivalent:** Jeder Masse kann eine Energie zugeordnet werden und umgekehrt. Wenn sich die Energie eines Körpers ändert, dann ändert sich auch dessen Masse. So führt das Erhitzen von Wasser wie in der Abbildung rechts unmittelbar zu einer Massenzunahme.
Umgekehrt hat eine Verringerung der Masse eine Energieabgabe zur Folge. Dieser sogenannte **Massendefekt** bestimmt u. a. die Energiebilanz bei der Kernfusion. Wenn auf der Sonne in jeder Sekunde 567 Mio. Tonnen Wasserstoff zu 562,7 Mio. Tonnen Helium verschmelzen, beträgt der Massendefekt nur in dieser Sekunde bereits 4,3 Mio. Tonnen. Dem entspricht eine Energie von $3{,}85 \cdot 10^{26}$ J.

In der klassischen Mechanik sind Masse und Energie dagegen zwei voneinander unabhängige Größen.

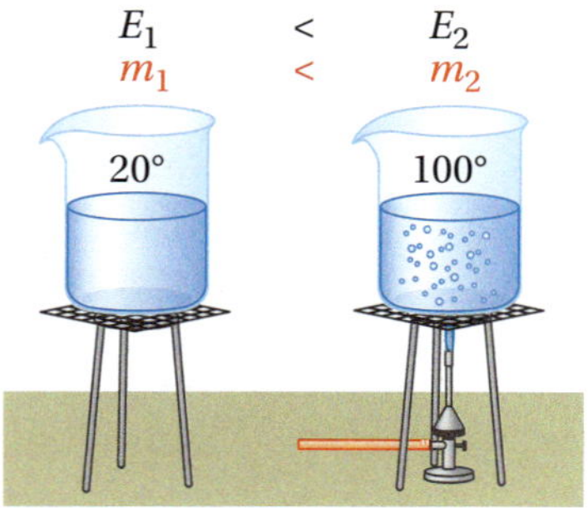

3. Weist mit den Angaben im Text nach, dass von der Sonne je Sekunde eine Energie von $3{,}85 \cdot 10^{26}$ J abgestrahlt wird.

4. 1 l Wasser wird von 20 auf 80 °C erhitzt. Berechnet die Massenzunahme und beurteilt, ob solche Veränderungen im Alltag zu bemerken sind.

Erforsche es

Reise zu den Sternen

Die Anfänge der Raumfahrt:
Versuche, Raketen zu bauen gab es schon im 12. Jahrhundert in China. Die kleinen, mit Schwarzpulver angetriebenen Flugkörper dienten dazu, im Krieg gegnerische Pferde zu erschrecken.

Gegen Ende des 19. Jahrhunderts begannen Wissenschaftler in verschiedenen Ländern, sich intensiv mit dem Raketenantrieb und mit Fragen des Raumflugs zu beschäftigen.

Konstantin E. Ziolkowski (1857-1935) gilt als „Vater der Raumfahrt".

In Russland entwickelte Konstantin E. Ziolkowski wichtige theoretische Grundlagen des Raketenflugzeug. Er schlug vor, flüssige Treibstoffe zu verwenden. Er entwickelte das Prinzip des Mehrstufenrakete und entwarf Vorschläge für Raketentriebwerke und Raumflüge.

1. Informiere dich über das Leben und Wirken von K. E. Ziolkowski. Fertige eine Präsentation an.

1942 hatte die V2 als erste Flüssigkeitsrakete einen erfolgreichen Start.

1923 wies der deutsche Forscher Hermann Oberth (1894-1989) nach, dass man mit Raketen andere Planeten erreichen kann. Im 1927 gegründeten „Verein für Raumschifffahrt" arbeitete neben Oberth auch Wernher von Braun (1912-1977). Er wurde einer der erfolgreichsten Raketenkonstrukteure. Unter den Nationalsozialisten war er maßgeblich an der Entwicklung der „Vergeltungswaffe 2" (V2) beteiligt. Die V2 ist eine Flüssigtreibstoffrakete mit Sprengkopf. Für die NASA arbeitete von Braun später an Trägerraketen. Sie dienten u.a. dazu, erstmals Menschen auf den Mond zu bringen.

2. Recherchiere und bewerte das Wirken Wernher von Brauns.

Nach dem Zweiten Weltkrieg, also nach 1945, wurden vor allem in den USA und in der damaligen Sowjetunion Raketen für militärische Zwecke weiterentwickelt. Dabei wurden bereits Flughöhen von mehr als 100 km erreicht. Die meisten Versuche wurden in beiden Ländern vom Militär durchgeführt und geheim gehalten.

1957 geschah dann eine Sensation: Am 4. Oktober 1957 wurde in der Sowjetunion eine Rakete gestartet, die den ersten künstlichen Himmelskörper **„Sputnik 1"** auf eine Erdumlaufbahn brachte.

„Sputnik" ist russisch für „Weggefährte".

Unbemannte Raumfahrt:
Die ersten Raumfahrtmissionen waren unbemannt. Sie zielten darauf ab, den erdnahen Raum zu erkunden.
Bereits 1959 gelang es der sowjetischen Raumsonde **Luna 3,** erste Bilder von der Rückseite des Monds zu machen, die für uns nicht sichtbar ist.

3. Informiere dich über die Geschichte der unbemannten Raumfahrt zum Erdmond. Finde im Internet heraus, welche Mondmissionen gegenwärtig laufen oder geplant sind und welches Ziel sie haben.

4. In den 1970er-Jahren wurden Raumsonden zu anderen Planeten des Sonnensystems geschickt. Verschaffe dir einen Überblick über die ersten Raumfahrtmissionen zu anderen Planeten. Welche Ergebnisse brachten diese Missionen?

Die unbemannte Weltraumfahrt erfüllt heute drei verschiedene Funktionen:

- Viele Satelliten in Erdumlaufbahnen dienen der Fernerkundung der Erde, der Spionage, der Nachrichtenübermittlung, der Wettererkundung oder der Navigation (GPS).
- Andere Forschungsmissionen erkunden aus der Erdumlaufbahn den Weltraum. Dazu gehört das Weltraumteleskop Hubble.
- Darüber hinaus gibt es Raumfahrtmissionen zu anderen Himmelskörpern unseres Sonnensystems.

Der Mars ist der am besten erforschte Planet in unserem Sonnensystem. Von den in den vergangenen Jahrzehnten gestarteten 40 Marsmissionen war aber nur jede zweite erfolgreich. Umso höher ist die technische Leistung der NASA zu bewerten, den Marsrover Curiosity (engl. = Neugier) am 5. August 2012 sicher auf dem Mars gelandet zu haben.

Das mit 900 kg schwerste Fahrzeug aller bisherigen Marsmissionen wurde in einem Landemodul mit Steuertriebwerken sanft auf der Marsoberfläche abgesetzt.

5. Erkunde, welche verschiedenen Aufgaben das Labor an Bord von Curiosity hat.

Erforsche es

Mehrstufenrakete

Einige physikalische Grundlagen
Um einen Satelliten oder ein Raumschiff auf eine Umlaufbahn um die Erde zu bringen, müssen sie beim Start stark beschleunigt werden und in kurzer Zeit eine Geschwindigkeit von mindestens $7{,}9\,\frac{\text{km}}{\text{s}}$ besitzen.

Um eine Rakete vom Typ Ariane 5 mit einer Startmasse von etwa 730 t von null auf diese Geschwindigkeit zu beschleunigen, wirkt eine große Kraft $\vec{F}_1$. Sie entsteht, wenn im Innern der Rakete Brennstoff gezündet wird. Die Kraft treibt die Verbrennungsgase mit hoher Geschwindigkeit aus einer Düse entgegengesetzt zur Bewegungsrichtung.
Mit dieser Kraft entsteht eine gleich große, aber entgegengesetzt gerichtete Kraft $\vec{F}_2$.

Bei einer Rakete wird das hier vorliegende Prinzip **Raketenprinzip** genannt.

1. Erläutere das Raketenprinzip mithilfe des newtonschen Grundgesetzes und des Wechselwirkungsgesetzes. Nutze die Abbildungen.

Damit ein Raumschiff den Anziehungsbereich der Erde verlassen und zu anderen Himmelskörpern fliegen kann, muss es eine Geschwindigkeit von $11{,}2\,\frac{\text{km}}{\text{s}}$ haben. Solche Geschwindigkeiten werden nur von Mehrstufenraketen erreicht.

2. Beschreibe den Aufbau einer Mehrstufenrakete (↗ Randstalte). Warum kann sie größere Geschwindigkeiten als eine einstufige Rakete erreichen?

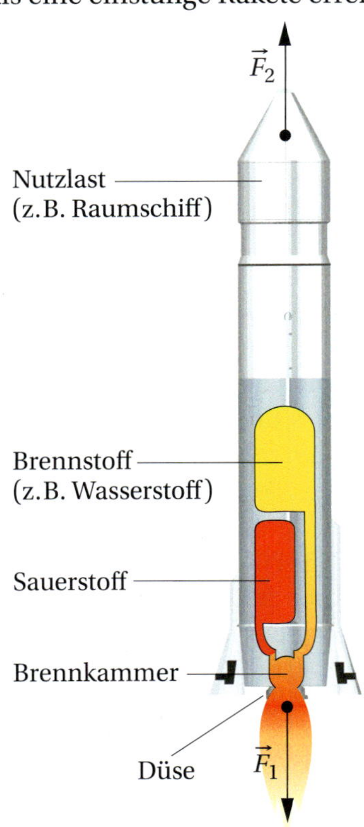

Bemannte Raumfahrt

Am 12. April 1961 umrundete JURI GAGARIN (1934 - 1968) als erster Mensch im Raumschiff Wostok 1 in 106 Minuten die Erde. Acht Jahre später betraten NEIL ARMSTRONG (1930 - 2012) und EDWIN „BUZZ" ALDRIN (geb. 1930) als erste Menschen den Mond. Damals fragte kaum jemand, ob es sich lohnt, Menschen in den Weltraum zu schicken.

3. Was spricht aus heutiger Sicht für und was gegen bemannte Raumfahrt? Sammelt dazu Argumente und bildet Gruppen, die entgegengesetzte Standpunkte vertreten.

Das zurzeit größte Raumfahrtprojekt ist die internationale Raumstation **ISS.** Die einzelnen Module der Station wurden seit 1998 mit vielen Raketenstarts und Spaceshuttlemissionen ins All gebracht. Sie befindet sich in etwa 400 km Höhe auf einer Umlaufbahn um die Erde.
Als ständiger Außenposten der Menschheit im Weltraum ist die ISS so groß, dass sie von der Erde aus in der Nacht mit bloßem Auge gut zu sehen ist. Solarmodule versorgen die Station mit elektrischem Strom. Nahrung, Wasser und Ausrüstung für die Astronauten werden mit Versorgungsraketen transportiert. Im Jahr 2000 zog die erste Besatzung in die ISS ein.

4. Recherchiere, welchen Nutzen die ISS für die Menschheit hat.

Erforsche es

Sinnliche Physik

Mit unseren fünf Sinnen sehen, hören, riechen, schmecken und tasten wir. So nehmen wir Phänomene der uns umgebenden Welt wahr und können uns in ihr orientieren.

Die spezifischen Reize der Umwelt wie Licht oder Wärme werden über Sinneszellen unserer Sinnesorgane an unser Gehirn weitergegeben. Das Gehirn interpretiert diese Reize und bezieht dabei auch bereits gespeicherte Informationen ein, sodass eine Wahrnehmung entsteht.

In der Regel machen wir uns keine Gedanken über unsere fünf Sinne – solange sie funktionieren. Fällt einer zeitweilig aus, versagt z. B. bei heftigem Schnupfen unser Geruchssinn, dann registrieren wir dies als Defizit.

Wenn Sinne nicht oder nur zum Teil funktionieren, kommen Behinderungen zustande. Sinne lassen sich auch täuschen.

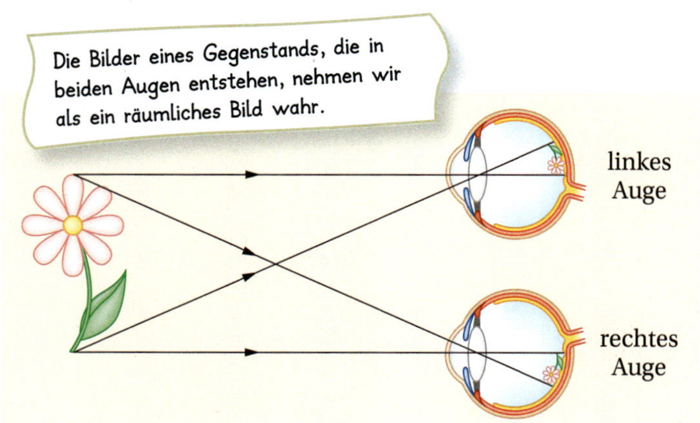

Wer sehen will, muss fühlen:
Räumliches Sehen muss erlernt werden. Das geschieht nicht mit den Augen allein. Indem Babys Gegenstände abtasten, bekommen sie eine dreidimensionale Vorstellung von ihnen. Erst mit zunehmendem Alter erwerben Kinder das Sehvermögen von Erwachsenen. Der Sehsinn liefert uns etwa 80 % aller Informationen.

Der räumliche Eindruck, den Gegenstände im Gehirn erwecken, entsteht wie in der Abbildung unten durch die beiden etwas unterschiedlichen Bilder beider Augen auf der Netzhaut.

1. Wie sich eure Wahrnehmungen ändern, wenn ihr nur mit einem Auge seht, könnt ihr mit einer Folge von Experimenten prüfen:
   a) Haltet einen Gegenstand mit ausgestrecktem Arm. Betrachtet ihn abwechselnd mit dem linken und rechten Auge.
   b) Rollt ein Blatt Papier zu einem Tubus zusammen. Haltet ihn vor ein Auge und blickt mit beiden Augen auf einen entfernten Gegenstand. Haltet die andere Hand direkt neben den Tubus.
   c) Schließt ein Auge und nähert bei ausgestreckten Armen möglichst schnell die Zeigefinger beider Hände, sodass sie sich treffen.
   d) Befestigt einen Ring an einem Faden. Schließt ein Auge und versucht, einen Stab oder Stift durch den Ring zu stecken.

   Beschreibt und erklärt eure Beobachtungen.

a)

b)

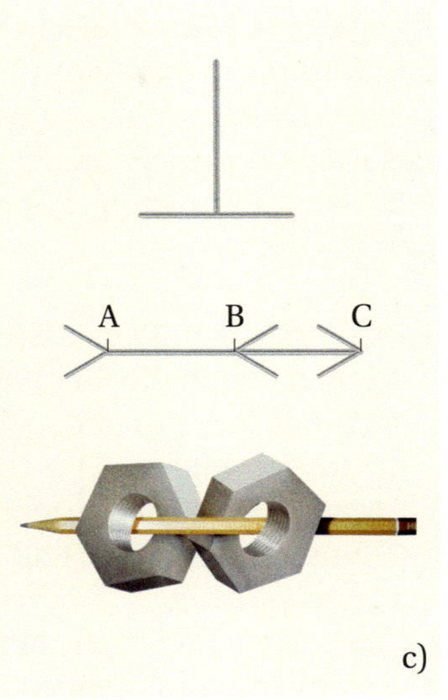

c)

Optische Täuschungen: Sie entstehen, wenn unser Gehirn das, was unsere Augen sehen, anders deutet. Nicht selten täuschen wir uns über die Größe von Objekten (a, b) oder die Länge von Strecken (c). Für die meisten optischen Täuschungen gibt es keine völlig eindeutigen Erklärungen.

Der Eindruck, dass die vertikale Linie in Abbildung c oben länger ist als die horizontale, könnte darin begründet sein, dass die vertikale Linie die horizontale Linie genau halbiert. Das erschwert dem Gehirn, die horizontale Linie als eine einzelne lange Linie wahrzunehmen.

2. Entscheide, ohne zu messen:
   a) Welche der Personen in Abbildung a ist die größte?
   b) Vergleiche die Größe der roten Kreise in Abbildung b. Welche der Strecken in Abbildung c ist die längere?
   c) Prüfe deine Entscheidung durch Messen nach.

3. Das Phänomen, dass der Mond knapp über dem Horizont wesentlich größer zu sein scheint als im Zenit, wird als Mondtäuschung bezeichnet.
   Überprüfe das Phänomen der Mondtäuschung. Nutze die Abbildung und das Internet.

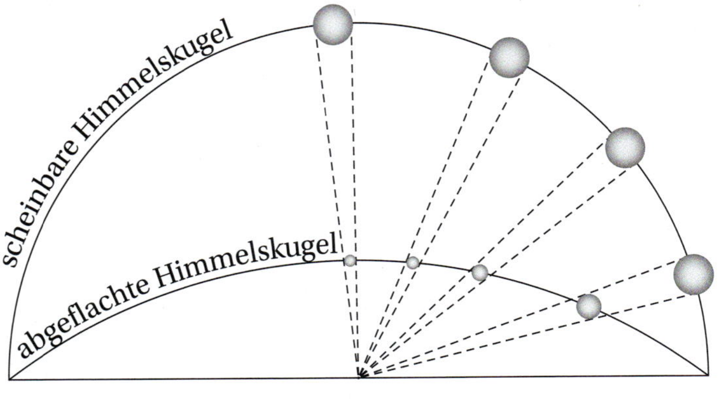

Erforsche es

Kann das Gehör getäuscht werden?
Empfindungen von laut und leise sind relativ. Geschlossene Augen schärfen unser Gehör. Auch für die Ohren gilt: Weil wir zwei haben, können wir uns besser orientieren.

1. Untersucht in Partnerarbeit, wie genau Ohren die Richtung erkennen können, aus der der Schall kommt.
   Vorbereitung:
   Material: ein mindestens 1 m langer Kunststoffschlauch, Stab
   Durchführung:
   a) Haltet die Schlauchenden wie in der Abbildung an ein Ohr und markiert die Mitte des Schlauchs.

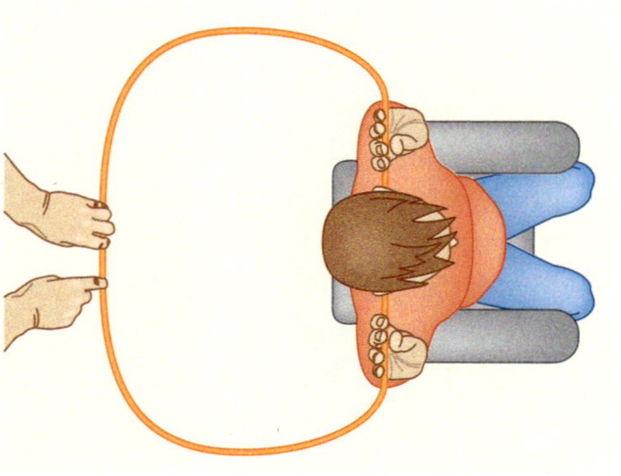

   b) Lass deinen Partner an einer Stelle des Schlauchs klopfen und versuche, durch die Anweisungen „nach links“ bzw. „nach rechts“ die Mitte des Schlauchs zu bestimmen.
   Auswertung:
   Erklärt, warum man so etwa die Mitte des Schlauchs herausfinden kann.

Akustische Phänomene wie der **Dopplereffekt** zeigen, wie genau unsere Ohren Informationen verarbeiten. Benannt ist dieser Effekt nach dem österreichischen Physiker und Mathematiker CHRISTIAN ANDREAS DOPPLER (1803–1853), der ihn 1842 bei Schallwellen entdeckte und beschrieb. Es gibt auch einen optischen Dopplereffekt.

Fahren Autos sehr schnell an uns vorüber, registrieren wir auffällige Änderungen der Fahrgeräusche. Ihre Frequenzen werden plötzlich kleiner. Besonders deutlich wird das bei Signaltönen von Polizei oder Feuerwehr.

2. Untersuche, wie du Geräusche wahrnimmst, wenn sich Schallquellen relativ zu dir bewegen.
   a) Bewege eine angeschlagene Stimmgabel auf dein Ohr zu und wieder weg. Beschreibe deine Beobachtungen.
   b) Imitiere die Fahrgeräusche, wenn sich Autos an dir vorbeibewegen.
   c) Wie ändert sich die Frequenz der Geräusche mit der Geschwindigkeit der Autos?

Phänomene erscheinen paradox: Ohne Kenntnis des **hydrostatischen Paradoxons** würde die Tatsache verblüffen, dass die Federkraftmesser in der Abbildung unten denselben Betrag anzeigen. Der Schweredruck in einer Flüssigkeit hängt zwar von der Füllhöhe ab, nicht aber von der Gefäßform.

3. Formuliere mit eigenen Worten, worin für dich das Paradoxe in der Abbildung links unten besteht.

4. Erarbeite einen Vortrag zum Thema „Phänomene und Paradoxa - wie wir sie wahrnehmen". Beziehe vor allem Experimente mit ein. Achte darauf, dass sie für die Zuhörer gut sichtbar sind.

Dass Haare „zu Berge stehen" können, hast du selbst bestimmt schon erfahren, aber dass ein aufgeladenes Plastiklineal einen dünnen Wasserstrahl beeinflussen kann, erscheint zunächst eher merkwürdig.

5. Probiere es selbst aus. Nutze die Abbildung unten. Erkläre dieses Phänomen.

6. Auch ein Luftballon zeigt manchmal ein merkwürdiges Verhalten. Blase mit einem Föhn gegen den Luftballon. Beschreibe deine Beobachtung. Was erscheint dir paradox?

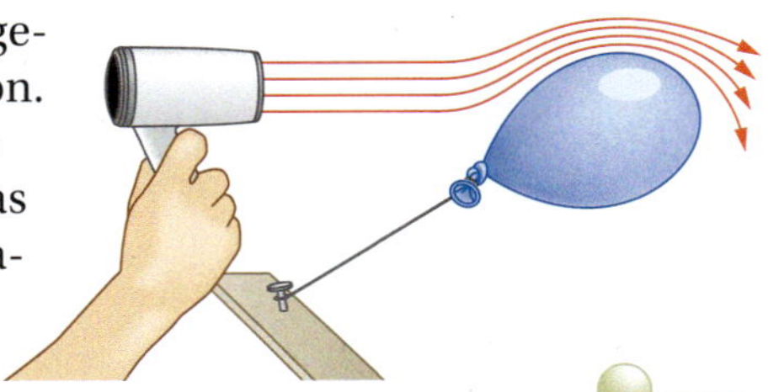

Auch das Zwillingsparadoxon auf der Seite 133 ist ein scheinbarer Widerspruch.

Das gibt es doch gar nicht!

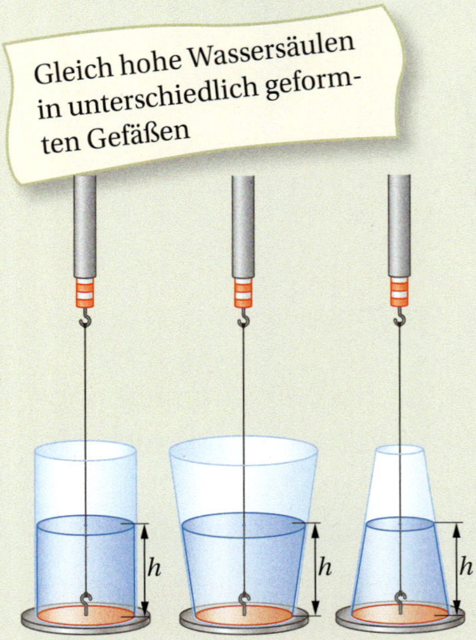

Z Ziel erreicht

Roter Faden gesucht
Fällt es dir schwer, vor lauter Fakten noch Zusammenhänge zu erkennen? Dann versuche, den Blickwinkel zu wechseln. Die grundlegenden Betrachtungsweisen „Materie", „System", „Wechselwirkung" und „Energie" geben dir eine Orientierung, dein Wissen zu systematisieren und zu strukturieren. So behältst du den Überblick.

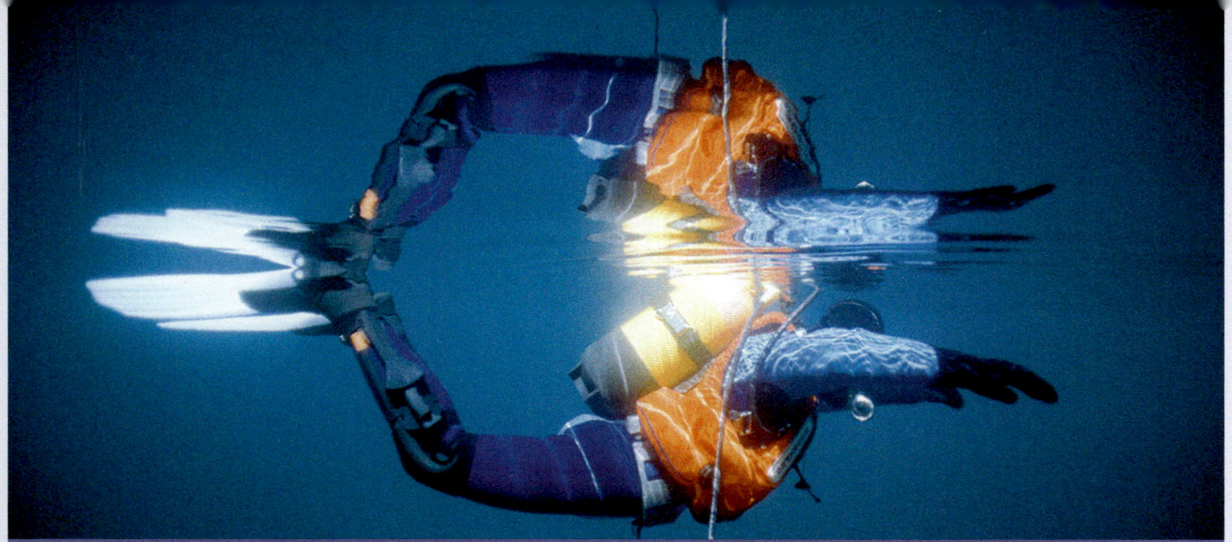

Beispiel Taucher

Materie	Wechselwirkung	System	Energie
Auf welche Grenzfläche trifft das Licht?	Mit welchen Körpern tritt Licht in Wechselwirkung?	Beschreibe das System, in dem der Vorgang abläuft.	Welche Energieumwandlungen finden statt?

System

Aus welchen Elementen bestehen die Systeme? Wie wirken sie?

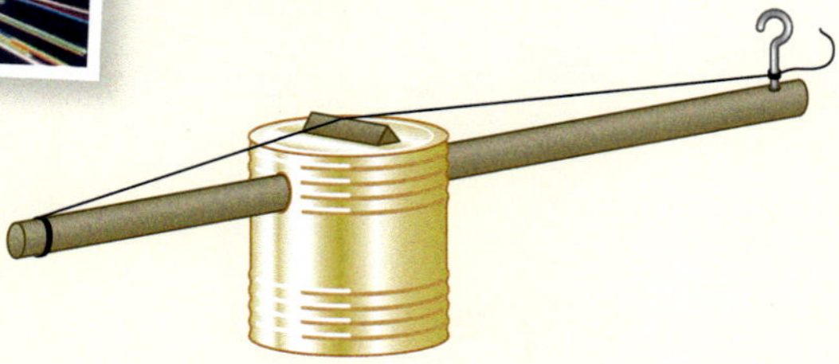

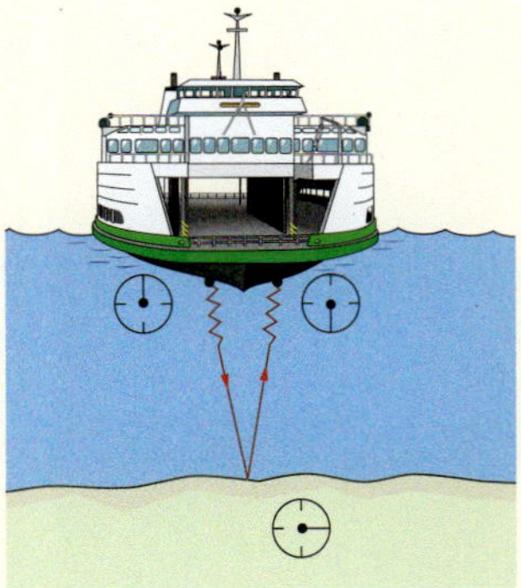

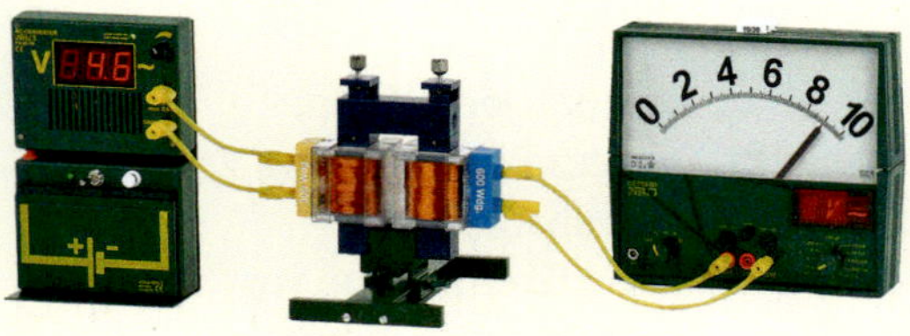

Hast du den Überblick?

Erzeugung und Umformung elektrischer Energie

- Elektrische, magnetische und elektromagnetische Felder sind eine Form der Materie.
- Felder lassen sich mit dem Modell Feldlinienbild beschreiben.
- Materie besitzt Energie.

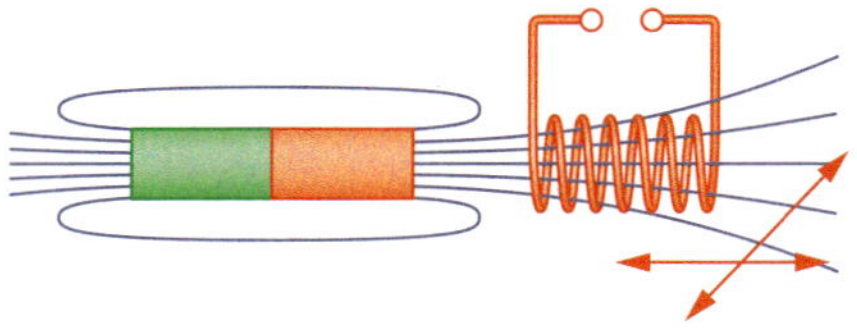

Grundlagen der Informationsübertragung

- Wenn Wellen auf Körper treffen, wird ein Teil absorbiert, gestreut, reflektiert oder durchgelassen – je nachdem, aus welchem Stoff die Körper bestehen.
- Elektromagnetische Wellen können sich im Vakuum ausbreiten, mechanische Wellen nicht.

Licht und Farben

- Licht ist eine physikalische Erscheinung, die sich mit dem Strahlenmodell oder mit dem Wellenmodell beschreiben lässt.
- Stoffe unterscheiden sich darin, ob sie auftreffendes Licht streuen, reflektieren oder absorbieren.
- Trifft Licht auf die Grenzfläche verschiedener Stoffe, kann es gebrochen oder total reflektiert werden.

Materie

Materie ist alles, was in der Welt, die uns umgibt, in Form von Stoffen (Wasser, Luft, Kunststoff, Eisen ...) sowie in Form von elektrischen und magnetischen Feldern existiert.

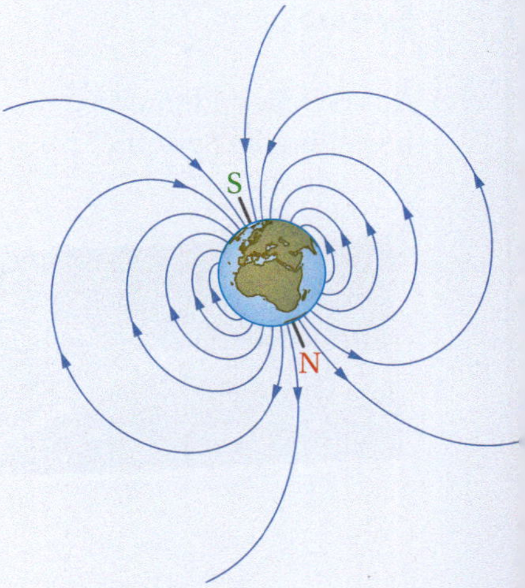

Wechsel-wirkung

Wenn sich zwei oder mehrere Körper gegenseitig beeinflussen, liegt eine Wechselwirkung vor. Sie kann auch von Feldern oder durch Strahlung ausgeübt werden.

Erzeugung und Umformung elektrischer Energie

- Zwischen Magneten wirken anziehende und abstoßende Kräfte.
- Auf stromführende Leiter und bewegte Ladungsträger wirken Kräfte im Magnetfeld.
- In Generatoren und Transformatoren wird die elektromagnetische Induktion genutzt: Verändert sich das von einer Spule umfasste Magnetfeld, so wird in der Spule eine Spannung induziert.

Grundlagen der Informationsübertragung

- Sind schwingungsfähige Teilchen miteinander gekoppelt, so kann sich ein Schwingungszustand als Welle im Raum ausbreiten.
- Wellen können miteinander wechselwirken. Es tritt Interferenz auf.
- Wellen wechselwirken mit Stoffen. Es tritt Reflexion, Brechung, Beugung, Streuung und Absorption auf.
- Analoge und digitale Signale können ineinander umgewandelt werden.

Licht und Farben

- Trifft Licht auf ein Prisma, wird es in seine farbigen Bestandteile zerlegt.
- Sichtbares, infrarotes und ultraviolettes Licht hat jeweils unterschiedliche Wirkungen auf Stoffe.
- Mischfarben entstehen durch additive und subtraktive Farbmischung.

Hast du den Überblick?

System

Ein System ist ein gedanklich abgeschlossener Bereich, in dem Vorgänge ablaufen. Teile des Systems haben eine bestimmte Funktion und sind voneinander abhängig.

Erzeugung und Umformung elektrischer Energie

- Transformatoren, Generatoren und Motoren sind Systeme.
- Kraftwerke sind Systeme zur Bereitstellung von Energie, ebenso wie Solarzellen.
- Stromverbundnetze der Energieversorger sind Systeme zur Übertragung von Energie über weite Strecken.
- In einem abgeschlossenen System bleibt die Gesamtenergie erhalten.

Grundlagen der Informationsübertragung

- Schwingungsfähige Systeme können unterschiedliche Arten von Schwingungen ausführen.
- Durch Wellen können Informationen übertragen werden.
- Mikrofon und Lautsprecher sind Systeme elektroakustischer Signalwandler.
- Unsere Ohren, Musikinstrumente und Ultraschallgeber sind akustische Systeme.

Licht und Farben

- Optische Systeme sind Spektrometer und Lichtleiter.
- Lichtleiter werden zur Informationsübertragung genutzt.

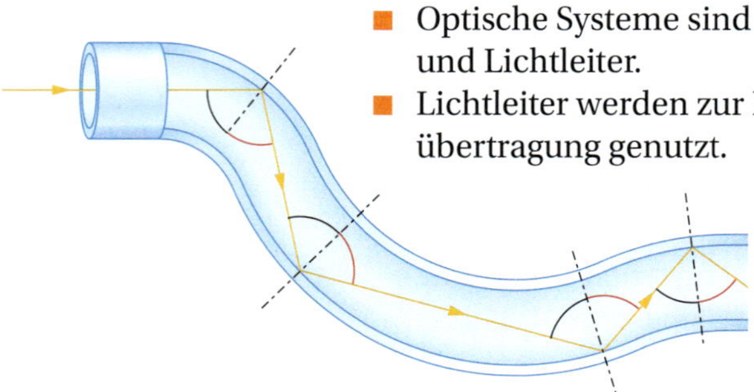

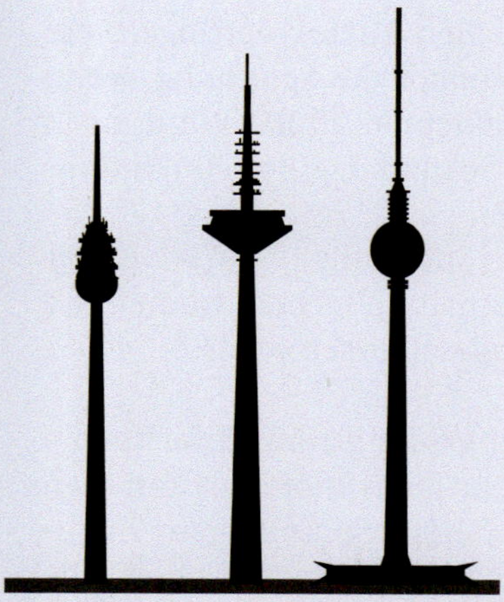

Energie

Energetische Betrachtungen, insbesondere die Nutzung des Energieerhaltungssatzes, spielen in vielen Bereichen der Physik, aber auch in der Technik und im Alltag eine wichtige Rolle.

Erzeugung und Umformung elektrischer Energie

- Elektromotoren wandeln elektrische Energie in mechanische um (elektromotorisches Prinzip).
- Bei der elektromagnetischen Induktion wird mechanische Energie in elektrische umgewandelt (Generatorpinzip).
- Das lenzsche Gesetz ist ein Sonderfall des Energieerhaltungssatzes.
- In Transformatoren wird elektrische Energie zwischen Stromkreisen übertragen, ohne dass diese leitend verbunden sind.

Grundlagen der Informationsübertragung

- Bei mechanischen Schwingungen wird potenzielle Energie oder Spannenergie in kinetische Energie umgewandelt und umgekehrt.
- Lärm schadet. Die Vermeidung von Lärm ist der beste Schutz vor gesundheitlichen Schäden.
- Elektromagnetische Wechselfelder strahlen als elektromagnetische Welle Energie in den Raum ab.
- Mit Wellen wird Energie transportiert, aber kein Stoff.

Licht und Farben

- Mit Licht wird Energie transportiert.
- Wenn Strahlung auf Materie trifft, kommt es zu Energieumwandlungen.

Trainiere mit Methode

1 **Kochen mit Induktion**
Bei Induktionsherden wird die elektromagnetische Induktion ausgenutzt. Unter der Kochfläche befindet sich eine Spule, die von Wechselstrom durchflossen wird. Das entstehende Magnetfeld durchsetzt auch den Topfboden.

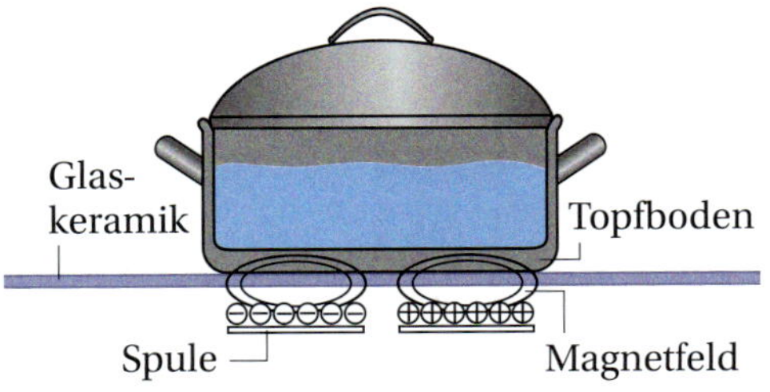

a) Erkläre die Wirkungsweise eines solchen Induktionsherds.
b) Warum funktionieren auf Induktionsherden nur Metalltöpfe?
c) Welche Vorteile bzw. Nachteile haben Induktionsherde gegenüber herkömmlichen Herden? Recherchiere und präsentiere die Ergebnisse in Powerpoint.

2 **Transformator genau betrachtet**
Mit Transformatoren kann man Spannungen „übersetzen". Beschreibe den Aufbau und erkläre die Wirkungsweise eines solchen Transformators.

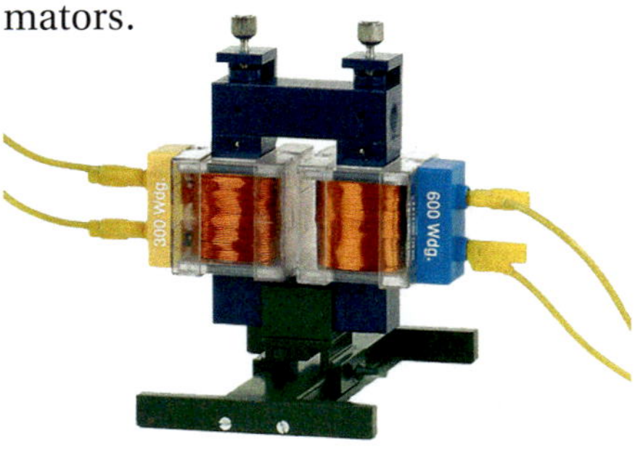

3 **Netztransformator**
Um welchen Faktor verringert ein Transformator die Spannung, wenn die Primärspule 20 000 Windungen und die Sekundärspule 500 Windungen hat?
Welche Spannung würde dieser Transformator abgeben, wenn er an 230 V angeschlossen wird?

4 **Spannung oder Stromstärke hoch**
Mit einem Transformator kann man entweder hohe Spannungen (Hochspannungstransformator) oder hohe Stromstärken (Hochstromtransformator) erzeugen.
a) Wie müssen Transformatoren gebaut sein, damit sie eine hohe Spannung bzw. eine große Stromstärke liefern?
b) Warum kann man mit einem Transformator nicht gleichzeitig eine hohe Spannung und eine große Stromstärke erhalten?
c) Nenne und erläutere Beispiele für die Anwendung von Hochspannungs- bzw. Hochstromtransformatoren.

5 **Vom Generator zur Fernleitung**
Generatoren in einem Kraftwerk liefern eine Spannung von 20 kV. Für die Fernleitung wird diese Spannung auf 380 kV hochtransformiert.
a) Gib an, in welchem Verhältnis die Windungszahlen des entsprechenden Hochspannungstransformators stehen müssen.
b) Wie verändert sich aufgrund der Transformation die Stromstärke im Stromkreis?

6 So schnell ist Schall

Ermittelt die Schallgeschwindigkeit mit einem kundtschen Rohr. Dieses Rohr ist ein Glasrohr mit einem beweglichen Stempel (↗ Abb. rechts).

Vorbereitung:

Geräte und Materialien: kundtsches Rohr (mind. 400 mm lang und 25 mm weit), Korkmehl oder Bärlappsporen, langes, dünnes Lineal, Lautsprecher und Tonfrequenzgenerator

a) Recherchiert: Wie entstehen Töne bei Flöten oder Pfeifen? Was ist eine „stehende Welle“? Wie wird sie grafisch dargestellt?
b) Mit welchen Kenngrößen einer Welle könnt ihr die Schallgeschwindigkeit ermitteln?
c) Bereitet das Protokoll vor.

Durchführung:

a) Lagert das Glasrohr sicher und verteilt das Korkmehl möglichst gleichmäßig im Rohr. Nutzt dazu das Lineal.
b) Bringt den Lautsprecher in die Nähe der Rohröffnung und beobachtet das Korkmehl. Es werden so wie in der Abbildung oben rechts Schwingungsknoten und Schwingungsbäuche der Schallwelle sichtbar.
c) Verschiebt den Stempel, bis sich am offenen Ende des Rohrs ein Schwingungsbauch einstellt (Resonanzfall). Messt die Wellenlänge der Schallwelle.

Auswertung:

Berechnet die Schallgeschwindigkeit und diskutiert die aufgetretenen Messfehler.

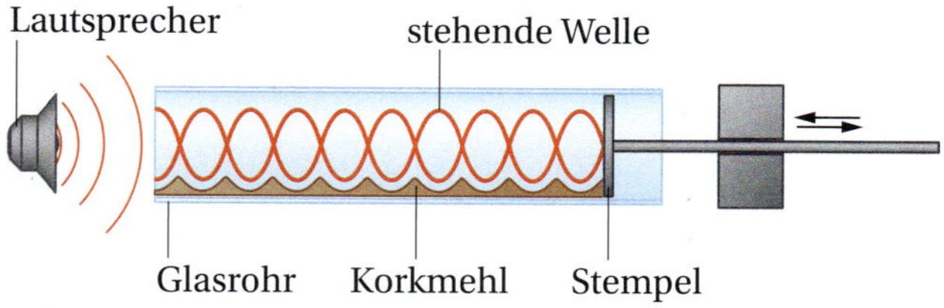

7 Retter in Not

a) Der Hörbereich ist bei allen Lebewesen größer als der Stimmumfang. Überlege, warum das sinnvoll ist.

Lebewesen	Hörbereich Schwingungen je Sekunde	Stimmumfang Schwingungen je Sekunde
Mensch	16 – 20 000	85 – 1100
Hund	15 – 40 000	450 – 1000
Fledermaus	2 000 – 150 000	10 000 – 120 000

b) Hundepfeifen werden zum Trainieren von Rettungshunden eingesetzt. Vergleiche das Gehör eines Hunds mit dem eines Menschen. In welchem Bereich erzeugt die Pfeife Töne?

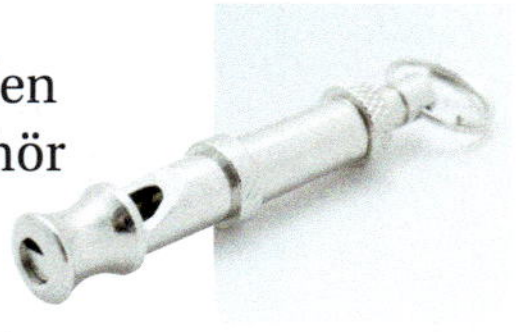

Trainiere mit Methode

8 Bolzplatz in Gefahr

Die Anwohner eines Bolzplatzes beschweren sich über den ständigen Lärm, der erst bei Dunkelheit aufhört. An den Wochenenden ist die Belastung besonders groß. Sie schlagen verschiedene Maßnahmen vor:

- Einige sprechen sich dafür aus, den Bolzplatz zu schließen.
- Andere fordern, Ohrenschützer an die Anwohner auszuteilen.
- Einer hat die Idee, eine Halle bauen zu lassen.
- Viele fordern, nur bestimmte Zeiten am Tag für das Bolzen zuzulassen.

Bewertet die Maßnahmen und entscheidet, welche am besten ist.
Diskutiert die Maßnahmen in der Gruppe und gebt Gründe an, die für oder gegen die Maßnahmen sprechen.
Wägt die Gründe gegeneinander ab und begründet eure Entscheidung.

9 Live ist live

Ein Fußballspiel wird live im Fernsehen übertragen. Ermittle, wer den 11-m-Pfiff zuerst hört: der Zuschauer, der auf der Tribüne im Stadion in einer Entfernung von 150 m vom Schiedsrichter sitzt,
oder der Fernsehzuschauer, der sich in 1 500 km Entfernung im Abstand von zwei Metern vom Fernseher befindet.
Stelle eine Vermutung auf, bevor du mit dem Rechnen beginnst.

10 Wellen – selbst erforscht

Informationen und Simulationen zu mechanischen Wellen findest du im Internet, z. B. unter *www.leifiphysik.de* oder unter *www.walter-fendt.de.*

a) Informiere dich bei *www.leifiphysik.de* über das Grundwissen und probiere die dort vorhandenen Simulationen aus.

b) Erkunde, was man unter „Interferenz von Wellen" versteht. Teste die Simulationen zur Interferenz.

11 Funkfernsteuerungen

Drohnen, Modelle von Flugzeugen oder Schiffen, Uhren, Modellautos oder Krane, Garagentore oder Autotüren können über Funk gesteuert werden. Für diese Steuerung werden hertzsche Wellen genutzt. Welches sind die physikalischen Grundlagen für die Übertragung von Informationen mit hertzschen Wellen?

12 Satellitenfernsehen

Beim Satellitenfernsehen werden die hertzschen Wellen von einem Sender zu einem Satelliten gesendet und von dort aus zu den Nutzern.

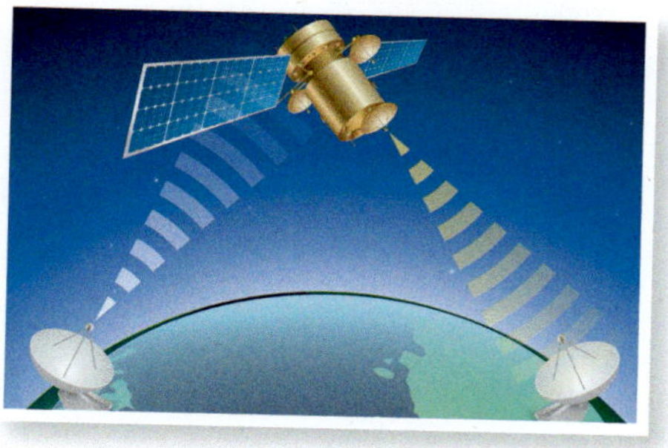

a) Als Nachrichtensatelliten nutzt man geostationäre Satelliten. Erkunde die Bahndaten für solche Satelliten.

b) Als Empfangsantennen werden Parabolspiegel genutzt. Skizziere und begründe, warum man Parabolspiegel und keine kugelförmigen Spiegel verwendet.

13 Brechung an Kronglas

Licht fällt unter verschiedenen Winkeln von Luft auf schweres Kronglas.

a) Berechne für die Einfallswinkel 20°, 40°, 60° und 80° die Brechungswinkel.

b) Fertige eine Skizze an, in die du Lichtstrahlen mit den Einfallswinkeln und Brechungswinkeln einzeichnest. Das Licht soll dabei von einem Punkt ausgehen.

c) Welcher Zusammenhang ist zwischen der Größe des Einfallswinkels und der Stärke der Brechung erkennbar?

14 Frequenz und Wellenlänge

Licht hat in einem bestimmten Stoff eine Frequenz von $5{,}5 \cdot 10^{14}$ Hz und eine Wellenlänge von 311 nm.

a) Gib seine Frequenz in Luft an.

b) Berechne, welche Wellenlänge das Licht in Luft hat. Gib die Farbe an.

15 Blick von schräg unten

Blickt man schräg von unten in ein Aquarium, dann erscheint die Wasseroberfläche als silbrige, reflektierende Schicht.

a) Gib dafür eine Erklärung.

b) Berechne für den Übergang Wasser–Luft den Grenzwinkel der Totalreflexion.

16 Mischen von Wasserfarben

In einem Farbkasten befinden sich folgende drei Wasserfarben:
Farbe 1 absorbiert Rot bis Gelb.
Farbe 2 absorbiert alles außer Rot bis Gelb. Farbe 3 absorbiert Gelb, Grün und Türkis.

a) In welchen Farben nimmst du die drei Wasserfarben wahr?

b) Ermittle die Mischfarben, wenn
- je zwei der Wasserfarben und
- alle drei Farben

miteinander gemischt werden.

A Anhang

Lösungen zu „Teste dich selbst"

Erzeugung und Umformung elektrischer Energie

Wähle aus ↗ S. 40

1 C; 2 A, B, D; 3 A, B, D; 4 A; 5 C; 6 B; 7 B

Beantworte ausführlich ↗ S. 41

1 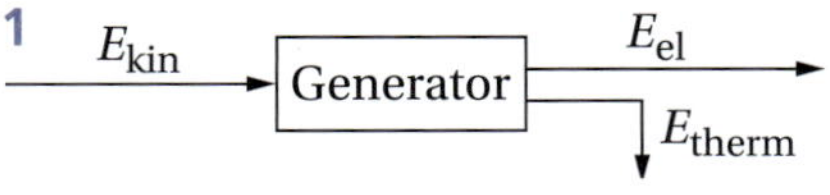

Ein Generator wandelt kinetische Energie (Bewegungsenergie) in elektrische Energie um. Dabei entsteht auch thermische Energie. Diese ist nicht nutzbar und deshalb für uns entwertet.

2 Der Transformator halbiert die Spannung, wenn N_2 nur halb so groß ist wie N_1.

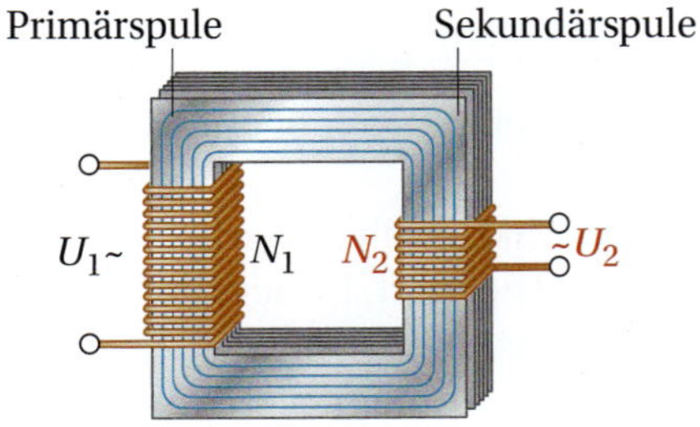

3 $\frac{U_1}{U_2} = \frac{N_1}{N_2}$

$N_2 = \frac{U_2 \cdot N_1}{U_1}$

$N_2 = \frac{5\,\text{V} \cdot 9200}{230\,\text{V}}$

$\underline{N_2 = 200}$

Die Sekundärspule hat 200 Windungen.

4 a) Die Abbildung unten zeigt das Prinzip eines Schaltnetzteils. Um den Transformator mit einer möglichst hohen Frequenz zu betreiben, muss die Wechselspannung zunächst gleichgerichtet werden. Anschließend wird sie zu einem hochfrequenten Rechtecksignal geschaltet. Im Transformator wird die übertragene Energie während einer Periodendauer der Wechselspannung im Magnetfeld der Spule zwischengespeichert. Diese Energie ist bei kürzeren Periodendauern kleiner, sodass der Transformator für die gleiche Leistungsübertragung kleiner ausgelegt werden kann. Trotz der zusätzlichen Elektronik sinken die Herstellungskosten deutlich.

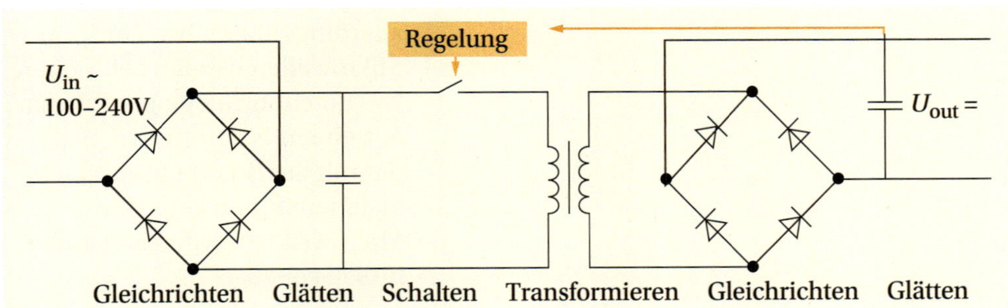

b) Da Schaltnetzteile auch mit kleinen Spulen hohe Leistungen transformieren können, werden sie zunehmend in Netzteilen von Computern und Druckern, aber auch in Lichtbogenschweißgeräten und Batterieladegeräten für Elektrofahrzeuge eingesetzt.

5 „Härten“ bedeutet: Ein stark erhitzter Körper aus Stahl wird plötzlich abgekühlt, indem man ihn z. B. in Wasser oder Öl taucht. Dadurch ändert sich seine Oberflächenstruktur, seine mechanische Widerstandskraft wird größer. Beim „Induktionshärten“ erfolgt die Erwärmung des Körpers durch elektromagnetische Induktion, genauer: durch Wirbelströme.

6 Kraftwerk ⟶ Stromverbundnetz 380 kV ⟶ Transformator ⟶ Abnehmer bzw. weitere Transformatoren und Abnehmer

7 Durch das Hochtransformieren werden die Wärmeverluste der Leitungen bei der Übertragung der elektrischen Energie verringert.

Grundlagen der Informationsübertragung

Wähle aus ↗ S. 88

1 C; 2 B; 3 A; 4 B; 5 A; 6 A, C; 7 C; 8 A

Beantworte ausführlich ↗ S. 89

1 Angenommen, das Wasser hat eine Temperatur von 20 °C. Dann gilt:

$s = v \cdot \frac{t}{2}$

$s = 1\,484\,\frac{\text{m}}{\text{s}} \cdot 3\text{ s}$

$\underline{s = 4\,452\text{ m}}$

Angenommen, das Wasser hat bei 20 °C einen Salzgehalt von 3,5 %. Dann beträgt die Schallgeschwindigkeit $1\,522\,\frac{\text{m}}{\text{s}}$ und die Wassertiefe wäre 4 566 m.

2 Die Frequenz des Deutschlandfunks für Dresden beträgt 97,3 MHz.

$\lambda = \frac{c}{f}$

$\lambda = \frac{300\,000\text{ km} \cdot \text{s}}{97{,}3 \cdot 10^6\text{ s}}$

$\underline{\lambda = 3{,}08\text{ m}}$

Der Sender sendet im UKW-Bereich.

3 a) Mikrowellen werden an Leitern reflektiert. Dabei gilt das Reflexionsgesetz.
b) Mikrowellen werden von Isolatoren hindurchgelassen, dabei allerdings abgeschwächt.
c) Mikrowellen werden gebrochen. Die Brechung an einem Prisma aus einem Isolator ist vergleichbar mit der Brechung von Licht an einem Prisma aus Glas.
d) Mikrowellen werden an Hindernissen gebeugt.

4 Ab einem Schallpegel von 80 dB besteht die Gefahr, dass das Gehör geschädigt wird. Da jedoch Musik meist nicht als Lärm eingeschätzt wird, unterschätzen Discobesucher häufig die gesundheitliche Gefahr.

Oft liegen dort die Pegel mit 100 bis 110 dB deutlich über den empfohlenen Maximalwerten von 90–95 dB.

Außerdem spielt die Dauer der Einwirkung eine große Rolle: So haben Untersuchungen ergeben, dass bei einem 10-stündigen Discobesuch pro Woche mit Musik von 110 dB nach 5 Jahren 92 % der Jugendlichen eine Hörminderung von mindestens 10 dB aufwiesen.

Licht und Farben

Wähle aus ↗ S. 110

1 B; 2 B; 3 B; 4 A; 5 B; 6 B, 7 A; 8 C

Beantworte ausführlich ↗ S. 111

1 Licht, das durch eine Lochblende trifft, wird gebeugt. Diese Beugung kann man bei günstigen Bedingungen (gut abgedunkelter Raum) beobachten.

2 Zu beobachten sind typische Interferenzerscheinungen. Feines Gewebe oder Vogelfedern wirken wie ein optisches Gitter.
Hinweis: Bei Gewebe handelt es sich um ein Kreuzgitter, auf das im Unterricht in der Regel nicht näher eingegangen wird.

3 Analysiert man Sternenlicht mit einem Spektroskop, werden Linien sichtbar. Vergleicht man die Anordnung der Linien mit den charakteristischen Linienspektren verschiedener Stoffe, kann man folgern, welche Stoffe auf dem Stern vorhanden sind.

4 Bei Licht treten Beugung und Interferenz auf. Das sind typische Eigenschaften von Wellen. Demzufolge könnte man auch umgekehrt folgern: Wenn bei einer physikalischen Erscheinung Beugung und Interferenz auftreten, dann hat diese Erscheinung Wellencharakter.
Die Mindmap könnte die Eigenschaften des Lichts nach Modellen sortieren.

5 a) Purpur: Rot und Blau
b) Blaugrün: Grün und Blau
c) Weiß: Rot, Grün und Blau

6 Das Aussehen von Gegenständen bei Beleuchtung von mehr oder weniger weißem Licht sind wir gewohnt. In farbigem Licht sehen die Gegenstände manchmal überraschend anders aus: In blauem Licht ist ein rotes Kleidungsstück fast schwarz.
Hinzu kommt, dass sich in einer Disco das Licht verschiedenfarbiger Scheinwerfer überlagert.
Durch additive Farbmischung entstehen Mischfarben, die innerhalb des Dreiecks RGB (R: Rot, G: Grün, B: Blau) liegen. Aus den drei Grundfarben der additiven Farbmischung Rot, Grün und Blau kann man alle anderen Farben erhalten.

Der wahrgenommene Farbton hängt außerdem auch von der Intensität des Lichts ab.

7 a) $\lambda = \frac{c}{f}$

$\underline{\lambda = 462\ \text{nm}}$

In Luft beträgt die Wellenlänge des Lichts 462 nm.

b) Die Frequenz des Lichts bleibt beim Übergang von Luft in Wasser gleich, die Wellenlänge wird kleiner.

c) $\lambda = \frac{c_{Wasser}}{f}$

$\lambda = \frac{225\,000\ \frac{\text{km}}{\text{s}}}{6{,}5 \cdot 10^{14}\ \text{Hz}}$

$\underline{\lambda = 346\ \text{nm}}$

In Wasser beträgt die Wellenlänge des Lichts nur 346 nm.

Register

I

K

L

M

N

O

P

Q

R

Titelbild: mauritius images/imageBROKER/Oskar Eyb

123RF/Inmagine GmbH: 149 Mi. re.; action press/NASA: 129 Mi. re.; AEARO GmbH, Ettlingen: 150 Mi. li.; AEG Elotherm, Remscheid: 41 ob. re.; Arnulf Betzold GmbH: 49 Mi. li.; BackArts GmbH: 45 D; BASF, Ludwigshafen: 55 un. re.; Bombardier: 39 Mi. li.; Close Up Posters GmbH: 87 ob. re.; colourbox.de: 72 Mi. li., 72 ob. re.; Corbis/Matthias Kulka: 96 ob. re.; Cornelsen Experimenta: 45 A; 46 ob. re., 59 ob. li., 80 ob. re.; Cornelsen Experimenta/Cornelsen: 82 a-c; dieKLEINERT/Prinzdesign: 75 un. li.; Cornelsen: 39 ob. re., 44 Mi.re., 63 ob. re., 64 ob. re., 73 Mi. re., 134 ob. li., 134 un. li.; ESA: 74 ob. li., 128 ob. re., 136 un. li., 137 un. re.; Ford/Wieck: 16 ob. re.; Fotoarchiv Panorama: 129 un. re.; Fotolia/Androm: 82 ob. re.; ctacik: 152 Mi.; dan talson: 111 ob. re.; Hunta: 108 Mi. mi.; lilya: 45 un. re.; pitels: 9 o.; Sergey Rusakov: 142 Mi.; sunset man: 97 un. li.; Texelart: 146 un. re.; vbaleha: 140 un. re.; Viktor Gmyria: 102 ob. re.; Fraport AG: 56 un. re.; Heinz-Günter Lau GmbH: 53 ob. li.; IMST GmbH/Dr. Achim Bahr: 68 un. li.; InfraTec GmbH, www.InfraTec.de: 101 un. re.; iStockphoto: 86 ob. li., &#169 johnnyscriv: 57 un. re., Alena Yakusheva: 90 un. li., Alex Bramwell: 42 un. li., ARENA Creative: 44 ob. li., Chris Hutchison: 58 un. re., drbimages: 54 un. re., FotoAta: 112 Mi. li., FreshPaint: 134 un. re., Izabela Habur: 76 ob. re., Jesus Ayala: 124 un. re., Jill Fromer: 113 Mi. re. o., Justin Horrocks: 59 ob. li., kristian sekulic: 59 un. re., lvcandy: 151 ob. li., Mike Clarke: 54 ob. re., pagadesign: 87 Mi. li., S. van den Berg: 116 ob. re., TriggerPhoto: 113 un.; Keller, Gerlinde: 25 ob. re.; LANGE,HARALD,BAD LAUSICK: 91/5 un.; LD Systeme AG & Co. KG: 17 un. re., 32 un. re., 98 ob. re.; Liesenberg, Dr. Günter, Berlin: 151 Mi. re.; Liesenberg, M.: 43 Mi. re.; Mahler, Fotograf, Berlin: 20 ob. li., 106 ob. re., 107 un. mi., 107 un. re., 109 un. li., 141 un. re.; Mannesmann Dematic AG, Wetter: 14 un. re. 21 un. re.; mauritius images/imagebroker/Wolfgang Herath: 143 ob., Matthias Schlief: 145 un. li., Science Faction: 137 un. li.; Simon Katzer: 58 ob. li.; Metabowerke GmbH, Nürtingen: 45 C; Meyer, L., Potsdam: 18 un. re., 38 un. re.; Microsoft Corporate/Duden Paetec GmbH: 109 Mi. re.; NASA: 113 ob., 129 ob.; 135 Mi. li.; NASA/ESA - HUBBLESITE: 128 un.; NASA/JPL-Caltech: 135 un. re.; Neunzig, Michael: 9/2; NTL Austria: 10 ob. re., 10 ob. re. O., 10 un. li., 10 un. re., 11 un. re., 19 ob. re., 20 ob. re., 22 ob. re., 24 un. re., 107 un. li., Mi. re., 143 un. re., 145 Mi. re., 148 un. li.; panthermedia/JCB Prod: 43 ob. li., Mzungu: 11 Mi. li.; Photo Disc Inc.: 45 B; 72 un. re., 137 Mi. li.; Phywe Systeme GmbH & Co. KG, Göttingen: 103 un. re., 111 ob. re., 118 un. li., 119 un. re., 143 Mi. re.; picture-alliance/AFP Creative: 56 un. li., dpa: 14 ob. li., 41 un. re., 52 ob. re., 85 ob. re., 149 un. re.; PlanetSolar: 8/1; Raake, Susanne, Berlin: 9/4 li., 9/4 re. o.; 9/4 re. u., 91/5 ob., 108 ob. li.; Reinhard G., Nießing, RGN FOTOGRAFIE: 38 ob. li.; Robert Bosch GmbH: 30 un. re.; Safescan www.safescan.com: 101 ob. li.; SCHOTT AG: 85 un. re.; Schwarz, Prof. Dr. Oliver: 99 un. re.; Shutterstock/Martin Capek: 62 ob. li., Tyler Olson: 150 un. re.; Siemens AG: 9/3, 28 ob. li., 30 ob. re., 36 ob. re., 43 un. re., 65 Mi. re., 68 Mi. li., 84 un. li., 147 ob. re.; Sompex GmbH & Co. KG: 32 ob. re.; SWM Stadtwerke München: 86 un. re., 143 Mi. li.; Texas Instruments Deutschland GmbH/Böttcher Datentechnik: 113 Mi. re.; Vogt, Patrik, Landau: 39 un. re., 126 ob. li., 146 ob. li.

Was bedeutet eigentlich

Sage voraus

Formuliere auf der Grundlage von Fakten, Erkenntnissen, Gesetzen und Modellen eine Aussage über ein wahrscheinlich auftretendes Ereignis, einen Zustand oder eine Entwicklung. Berücksichtige dabei die konkreten Bedingungen.

Leite ab

Formuliere auf der Grundlage eines allgemeinen Sachverhalts, Gesetzes oder Modells konkrete Aussagen zu einem Beispiel.

Experimentiere

Untersuche ein Phänomen der Natur unter ausgewählten, kontrollierten und veränderbaren Bedingungen und werte die Beobachtungsergebnisse aus. Dabei müssen sich die Bedingungen wiederholen lassen.

Beobachte

Ermittle mithilfe von Sinnesorganen oder Hilfsmitteln (z. B. Mikroskop) Eigenschaften und Merkmale, Beziehungen und Abfolgen von Objekten oder Prozessen.

Interpretiere

Finde grundlegende Zusammenhänge, um Aussagen, Beobachtungsergebnissen, Messwerten oder grafischen Darstellungen eine auf die Natur oder Gesellschaft bezogene inhaltliche Bedeutung zu geben. Lege diese Zusammenhänge sprachlich geordnet dar.

Vergleiche

Stelle gemeinsame und unterschiedliche Merkmale von zwei oder mehreren Vergleichsobjekten dar. Wähle die Merkmale nach dem beabsichtigten Zweck des Vergleichs aus und leite eine entsprechende Schlussfolgerung aus den Ergebnissen ab.